수운잡방

일러두기

1 이 번역본은 광산 김씨光山金氏 설월당雪月堂 종가에 소장된 『수운잡방』을 저본으로 하였다.

2 번역문 중간에 총 50종의 음식 재현 사진을 수록하였다.

3 구성은 번역문·탈초문·원문 영인 순으로 실었고, 음식 사진은 완성된 음식 사진 한 장과 음식의 조리과정을 담은 사진들을 넣었다.

4 번역문 중에 음식 사진이 없는 것은 한 쪽, 음식 사진이 있는 것은 한 장을 할애하여 편집하였다.

5 번역문은 한글 전용을 원칙으로 하였고, 한자가 필요하다고 판단될 경우에만 한자를 병기하였다. 한자를 넣을 때는 발음이나 풀이에 상관없이 한글보다 작은 글자로 표기하였다.

6 탈초문은 약자나 이체자와 상관없이 대표자로 표기하였으며, 쉼표와 마침표로 표점을 달았다. 판독이 불가능한 글자는 ○표시를 하였다.

7 각주는 동일한 페이지 안에 달았으며, 각주 표시는 ●으로 하였다.

8 독자의 이해를 돕기 위한 번역자의 짧은 주석과 원문의 쌍행소주는 번역문 내에서 ●으로 표기하였다.

9 이 번역본은 윤숙경의 『需雲雜方·酒饌』(1998)과 윤숙자의 『수운잡방』(2006)의 선행 업적을 참고했음을 밝혀둔다.

10 『수운잡방』 전체 영인은 본서 말미에 수록하였다.

한국국학진흥원 교양총서 | 전통의 재발견 | 07

수운잡방

需　雲　雜　方

김유 지음 | 김채식 옮김 | 한국국학진흥원 기획

글항아리

— 수운잡방需雲雜方

음식을 마련하는 여러 가지 방법이라는 의미다. 본래 수운需雲은 연회를 베풀어 즐기게 하는 것을 말하는데,『주역周易』「수괘需卦」'상사象辭'에 "구름이 하늘로 올라가는 것이 수괘다. 군자는 이 상징을 취하여 마시고 먹고 잔치하고 즐거워한다雲上於天 需 君子 以 飮食宴樂"라는 말에서 유래했다.

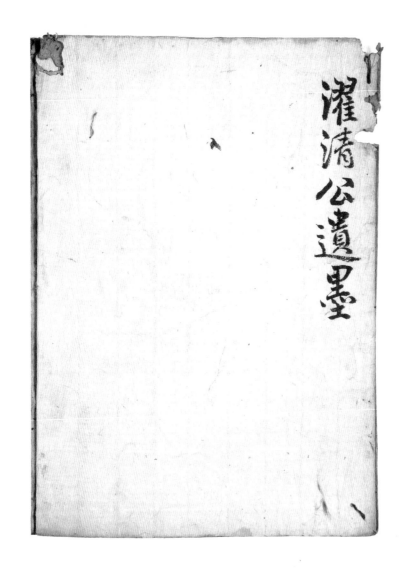

濯清公遺墨

— 탁청공유묵濯淸公遺墨

김효로金孝盧의 아들 김유金綏(1491~1555)가 남긴 필적이다. 자는 유지綏之, 호는 탁청
정濯淸亭, 본관은 광산光山이다.

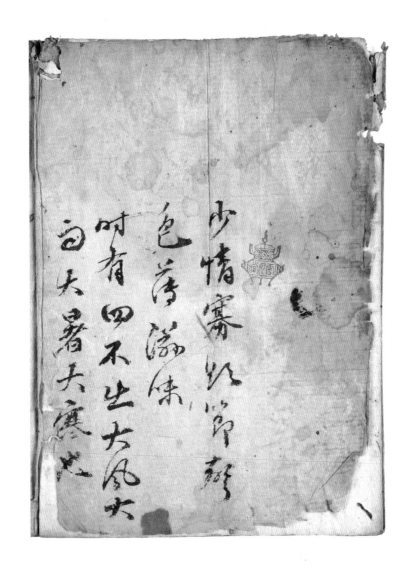

마음을 차분히 하고 욕심을 억제하여少情寡慾
음악과 여색을 절제하고 맛난 음식을 구하지 말아야 한다節聲色薄滋味
출타하지 말아야 할 네 가지는時有四不出
큰바람, 큰비, 큰 더위, 큰 추위다大風大雨大暑大寒也

【계암선조유묵溪巖先祖遺墨】

음식으로 보는 조선시대

김귀영 · 경북대 식품외식산업학과 교수

16세기 고조리서의 재발견

●
윤숙경, 「고조리서 需雲雜方·酒饌」, 신광출판사, 1998, 20쪽.

『수운잡방』은 조선 중종 때 광산 김씨光山金氏 예안파禮安派 오천군자리 烏川君子里 입향조인 농수聾叟 김효로金孝盧의 아들 탁청정濯淸亭 김유金綏 (1491~1555)가 저술한 조리서다. 표지를 포함해 25매로 가로 19.5cm, 세로 25.5cm의 크기이며, 저지楮紙에 쓰인 한문 필사본이고 겉표지 에 '需雲雜方'이라고 적혀 있다. 이 책은 김유의 3남 설월당雪月堂 김부 륜金富倫(1531~1598)의 종가에서 450년여를 보관해오다가 김부륜의 15 대 종손인 김영탁金永卓씨가 소장하고 있었으며, 한국전쟁 때에는 집 마루 밑에 땅을 파고 묻어 감추어두기도 했다고 한다.● 이 책은 1986 년에 실시된 '안동지역 전적문화재 조사' 과정에서 발견되었다. 한편 1986년에 윤숙경이 이 책의 내용을 분석해 안동대학교 부설 안동문 화연구소 논문집에 「『수운잡방』에 대한 소고」로 발표함으로써 학계에 알려지기 시작했다. 윤숙경은 이 논문에서 『수운잡방』의 저자에 대 해 소개하고 그 내용을 조리법별로 분류한 뒤 분석했다. 뿐만 아니라 1998년에는 『수운잡방』 원문을 편역해 『수운잡방·주찬需雲雜方·酒饌』을 펴냈다. 『수운잡방』 상편의 저술 시기는 어의御醫 전순의全循義의 『산가 요록山家要錄』(1450)보다 1세기가량 늦은 1540년경으로 보고 있으며, 하 편의 저술 시기는 고추가 사용되지 않은 점으로 미루어 고추에 대한 최초 기록인 『지봉유설』(1613)보다 앞선 1610년경으로 추정할 수 있다.

어떻게 구성되었나

『수운잡방』 속표지 다음 면에는 "小情寡慾, 節聲色薄滋味. 時有四不出, 大風大雨大暑大寒也"(마음을 차분히 하고 욕심을 억제하여, 음악과 여색을 절제하고 맛난 음식을 구하지 말아야 한다. 출타하지 말아야 할 네 가지는 큰바람, 큰비, 큰 더위, 큰 추위다)라는 글이 있을 뿐 서문과 발문이 없다. '수운需雲'은 격조를 지닌 음식문화를 뜻한다. 중국 고전인 『주역周易』에 '구름 위 하늘나라에서는 먹고 마시게 하며 잔치와 풍류로 군자를 대접한다雲上于天 需 君子以 飲食宴樂'고 쓰여 있다.● 또한 '잡방雜方'이란 갖가지 방법을 뜻한다. 그러니까 '수운잡방'이란 풍류를 아는 사람들에게 걸맞은 여러 음식 만드는 방법을 일컫는 것이다.

　『수운잡방』은 편의상 필체나 표현의 차이에 따라 상·하편으로 구분한다. 상편은 행서로 쓰여 있으며 속표지에 '탁청공유묵濯清公遺墨'이라 기재되어 있고, 하편은 초서로 작성되어 있으며 '계암선조유묵溪巖先祖遺墨'이라고 적혀 있다. 상편의 저자 김유는 출사하여 집안을 빛낸 형 김연金緣(1487~1544)을 대신하여 향촌 오천리에 머물면서 봉제사 접빈객의 역할을 충실히 했으며, 또한 그는 친아버지와 고모부 김만균金萬均으로부터 풍부한 가산을 물려받아 풍류를 즐기는 생활을 할 수 있었다. 한편 김유의 『수운잡방』이 그의 어머니 양성 이씨와의 합작품일 가능성을 고려하면, 그의 가족적인 배경이 이 저술을 가능케 했음을 짐작할 수 있다.●● 하편의 저자 계암은 『계암일록溪巖日錄』을 남긴 김유의 손자이자 설월당 김부륜의 아들 김령金坽(1577~1641)을 말한다. 따라서 『수운잡방』은 김유에 의해 집필되기 시작해 손자인 김령에 의해 뒷부분이 보완되어 지금의 형태로 완성되었을 것으로 추정하고 있다.●●●

● 이숙인, 「儒仙들의 풍류와 소통: 『수운잡방』을 통해 본 16세기 한 사족의 문화정치학」, 『대동문화연구』 제80집, 2012, 86쪽.

●● 이숙인, 위의 글, 295쪽.

●●● 권동미, 『수운잡방』의 문화사적 고찰, 영남대학교 석사논문, 2011, 6쪽.

풍류를 아는 사람들에게 걸맞은 음식을 만드는 법

『수운잡방』의 조리법은 전체 122항으로 상편에 86항, 하편에 36항이 수록되어 있다. 상편에는 술 만드는 법 42항, 식초 만드는 법 6항, 김치 담그는 법 13항, 장 제조법 11항, 한과 2항, 타락 만들기 1항, 두부 만들기 1항, 식해법 1항, 좌반 1항, 육면법 1항, 파종 및 채소 저장법 7항이 기록되어 있다. 하편에는 술 만드는 법 20항, 국 조리법 6항, 김치 담그는 법 2항, 한과류 2항, 면법 1항, 기타 찬물류 5항이 수록되어 있다. 이를 조리법으로 분류하여 정리하면 [표 1]과 같다.

　　내용상 특이한 점을 보면, 고리초 만드는 법醋法: 烏川家法이 『거가필용居家必用』의 조맥황초법造麥黃醋法 및 밀 띄우는 법과 유사하며, 『산가요록山家要錄』의 고리초造高里법도 같은 내용이다. 마찬가지로 배 저장법藏梨은 『거가필용』의 수장리收藏梨와 그 내용이 흡사하며 『산가요록』에도 배 저장법藏梨이 같은 내용으로 적혀 있다. 이러한 점으로 미루어 『수운잡방』보다 1세기쯤 앞서 저술된 『산가요록』뿐만 아니라 『수운잡방』도 원대(1271~1368)의 종합가정백과전서인 『거가필용』의 조리법으로부터 많은 영향을 받았을 것으로 짐작된다. 또한 술 만드는 법뿐만 아니라 장 제조법 등 많은 내용이 『산가요록』의 조리법과 유사하다. 따라서 『수운잡방』과 『산가요록』의 조리법을 비교 분석하면 고려 말부터 조선 초까지의 조리법 및 식생활 문화의 변천을 파악할 수 있을 것이다. 또한 '오천가법'이니 '현재 엿도가에서 사용하고 있는 좋은 방법'이니 하는 글이 있는 것으로 보아 당시 안동 지방에 널리 이용되어 오던 조리법도 소개한 독창적인 저술임을 알 수 있다.

[표 1] 「수운잡방」의 조리법

상편

술	1	삼해주三亥酒	초	1	고리 만드는 법(오천가법)作高里法(烏川家法)
	2	삼오주三午酒		2	고리초 만드는 법(오천가법)造高里醋法(烏川家法)
	3	사오주四午酒		3	사절초四節醋
	4	벽향주碧香酒		4	병정초 만드는 다른 방법又丙丁醋
	5	만전향주滿殿香酒		5	창포초菖蒲醋
				6	목통초木通醋
	6	두강주杜康酒	김치	1	청교침채법靑郊沈菜法
	7	벽향주碧香酒		2	배추 절이기沈白菜
	8	칠두주七斗酒		3	고운대 김치土卵莖沈造
	9	소곡주小麴酒		4	동아를 절여 오래 보관하는 법沈東瓜久藏法
	10	감향주甘香酒		5	과저苽菹
	11	백자주栢子酒		6	또 다른 과저又
	12	호도주胡桃酒		7	수과저水苽菹
	13	상실주橡實酒		8	노과저老苽菹
	14	하일절주夏日節酒		9	치저雉菹
	15	또 다른 하일절주又		10	납조저臘糟菹
	16	삼일주三日酒		11	무 절이기沈蘿蔔
	17	하일청주夏日淸酒		12	파김치葱沈菜
				13	동치미土邑沈菜
	18	하일점주夏日粘酒	장	1	즙저汁菹
	19	또 다른 하일점주又		2	즙장 만들기造汁
				3	즙저 만드는 다른 방법汁菹又法
	20	또 다른 하일점주又		4	콩장 만드는 법造醬法
				5	또 다른 콩장 만드는 방법又
	21	소곡주 만드는 다른 방법小麴酒又法		6	또 다른 콩장 만드는 방법又
				7	청근장菁根醬
	22	진맥소주眞麥燒酒		8	기울장其火醬
				9	전시全豉
	23	녹파주綠波酒		10	봉리군 전시방奉利君全豉方
				11	수장법水醬法(간장 담그는 법)

술	24	일일주一日酒	한과	1	동아정과東瓜正果
	25	도인주桃仁酒		2	엿 만들기飴餹 (현재 엿도가에서 사용하는 좋은 방법今飴家所用良法)
	26	백화주白花酒			
	27	유하주流霞酒	타락	1	타락駝酪
	28	오두주五斗酒	두부	1	두부 만들기取泡
	29	감향주甘香酒	식해	1	어식해법魚食醢法
	30	백출주白朮酒	찬물	1	더덕좌반山蔘佐飯
	31	정향주丁香酒	면	1	육면肉糆
	32	십일주十日酒	파종법	1	소평의 오이 파종법邵平種瓜法
	33	동양주冬陽酒		2	생강 심기種薑
	34	보경가주寶卿家酒(此亦夏日酒)		3	배추 심기種白菜
	35	동하주冬夏酒		4	참외 심기種眞瓜
	36	남경주南京酒		5	연근 심기種蓮
	37	진상주進上酒	저장법	1	생가지 저장법藏生茄子
	38	별주別酒		2	배 저장법藏梨
	39	이화주梨花酒			
	40	또 다른 이화주又			
	41	이화주 누룩 만드는 법梨花酒造麴法			
	42	또 다른 벽향주(오천양법) 又碧香酒(烏川釀法)			

1. 술

『수운잡방』에 기록된 내용 전체 122항 중 술 만드는 법이 60항으로 절반가량 된다. 이로써 조선시대의 봉제사 접빈객 등에서 가양주를 제조하는 것이 가장 중요한 일이었음을 알 수 있다. 『수운잡방』보다 100년 가까이 앞서 저술된 『산가요록』의 술과 『수운잡방』 상·하편에 기록된 술을 비교해서 보면 조선 초기 술의 실체를 알 수 있는데, 이를 [표 2]로 정리했다.

『수운잡방』 상편에는 단양주가 6항, 이양주가 21항, 특수 약주인 삼양주가 8항, 사양주가 1항, 약용약주인 가양주가 4항, 소주가 1항, 기타 이화주 누룩 만드는 법이 기록되어 있다. 하편에는 이양주가 6항, 특수 약주인 삼양주가 5항, 사양주가 1항, 약용약주인 가향주가 7항, 기타 조곡법造麴法이 기록되어 있다. 『산가요록』에는 단양주가 10항, 이양주가 35항, 특수 약주인 삼양주가 4항, 약용약주인 가향주가 2항, 소주가 3항, 기타 감주법, 주방酒方, 기주법起酒法, 수주불손훼收酒不損毀, 양곡법良麴法, 조곡법造麴法의 5종의 술에 관한 기본법과 주의할 점이 수록되어 있다.

[표 2] 『수운잡방』과 『산가요록』의 단양주

『수운잡방』 상편	『산가요록』
일일주一日酒	삼일주三日酒
삼일주三日酒	하절삼일주夏節三日酒
하일청주夏日淸酒	급시청주急時淸酒
보경가주寶卿家酒(此亦夏日酒)	칠일주七日酒 1
이화주梨花酒 1	칠일주 2
이화주 2	이화주梨花酒
	향온주香醞酒
	모미주牟米酒
	목맥주木麥酒
	사두주四斗酒

∶ 단양주

단양주는 1차 발효만 시키는 술로, 양조법이 단순하고 양조 기간이 짧은 속성주에는 주로 멥쌀을 많이 쓰나 하일청주와 보경가주는 찹쌀로 빚은 술이다. 또 단시간에 발효시키려고 누룩을 많이 넣는 편이다. 『수운잡방』의 단양주는 상권에 6항, 『산가요록』의 단양주는 10항이 나와 있는데, 멥쌀을 가장 많이 사용했고 보리쌀, 메밀, 수수 등의 다양한 잡곡을 사용하기도 했다. 이화주는 전통적인 쌀누룩 술로, 청주를 분리하지 않아 탁하고 흰죽과 같은 형태로 오늘날의 막걸리와는 다른 탁주로 볼 수 있다.

∶ 이양주

이양주는 어느 정도 발효시킨 밑술에 다시 덧술하는 방법으로, 우리나라 전통 술 가운데 이 방법을 가장 많이 택한다. 『수운잡방』의 이양주는 상편에 21항, 하편에 6항이 기록되어 있고, 『산가요록』에는 35항이 기록되어 있는데, 이를 [표 3]에 정리했다. 이양주의 초양에서 가장 많이 쓰는 곡물 재료는 멥쌀이며 다음으로 찹쌀을 사용했다. 발효제로는 누룩을 가장 많이 쓰며 발효를 돕기 위해 소량의 밀가루를 쓰기도 했다. 또한 『산가요록』의 맥주에서는 덧술할 때 보리쌀을 푹 쪄서 넣어 빚는다고 했다. 예주는 술을 빚어 하룻밤을 묵혀서 익힌 것으로, 정월에 초양하고 복숭아꽃이 필 때 덧술하는데 『수운잡방』 하편에 1항, 『산가요록』에 5항이 기록되어 있다.

[표 3] 『수운잡방』과 『산가요록』의 이양주

『수운잡방』 상편	『수운잡방』 하편	『산가요록』
사오주四午酒	예주醴酒	향료·지주香醪·旨酒
만전향주滿殿香酒	황금주黃金酒	옥지춘玉脂春
칠두주七斗酒	세신주細辛酒	벽향주碧香酒 1
감향주甘香酒	경장주瓊漿酒	벽향주 2
하일점주夏日粘酒 1	백화주百花酒	아황주鴉黃酒 1
하일점주 2	향료방香醪方	아황주 2
상실주橡實酒		녹파주綠波酒
하일절주夏日節酒 1		유하주流霞酒
하일절주 2		죽엽주竹葉酒
하일점주 3		여가주呂家酒
녹파주綠波酒		황금주黃金酒
백화주白花酒		진상주進上酒
유하주流霞酒		유주乳酒
오두주五斗酒		절주節酒
감향주甘香酒		육두주六斗酒
정향주丁香酒		점주粘酒
십일주十日酒		무곡주無麴酒
동양주冬陽酒		소곡주少麴酒
동하주冬夏酒		신박주辛薄酒
남경주南京酒		하일절주夏日節酒
진상주進上酒		과하백주過夏白酒
		손처사하일주孫處士夏日酒
		하주불산법夏酒不酸法
		부의주浮蟻酒
		맥주麥酒
		사시주四時酒
		사절통용육두주四節通用六斗酒
		상실주橡實酒
		하숭사절주河崇四節酒
		예주醴酒 1
		예주 2
		예주 3
		예주 4
		예주 5
		삼미감향주三味甘香酒

ː 특수 약주

상용 약주는 단양 또는 이양으로 빚는 데 비해 특수 약주는 섬세한 방법으로 여러 번 덧술하여 순후醇厚한 맛이 나도록 빚어내는 약주다. 『수운잡방』에 기록된 삼양주는 상편에 8항, 하편에 5항이 있다. 상권의 삼오주는 정월 첫째 오일午日에 초양하여 둘째 오일에 이양하고 셋째 오일에 삼양하며 넷째 오일에 사양하여 단옷날에 쓰는 술로, 이름은 삼오주이나 실제로는 사오주다. 하편의 도화주는 정월 진일辰日에 6월 유두일에 만든 누룩을 사용해 초양하여 이월에 이양하고 술이 익으면 계속 덧술하는 사양주다. 또한 『산가요록』에는 4항의 삼양주가 기록되어 있는데, 정리하면 [표 4]와 같다.

[표 4] 『수운잡방』과 『산가요록』의 특수 약주

『수운잡방』 상편	『수운잡방』 하편	『산가요록』
삼해주三亥酒	삼오주三午酒 1	삼해주三亥酒
벽향주碧香酒	삼오주 2	두강주杜康酒
벽향주 2	아황주鵞黃酒	오두주五斗酒
벽향주 3(烏川釀法)	칠두오승주七斗五升酒	구두주九斗酒
소곡주小麴酒	도화주桃花酒-사양주	
소곡주 2		
별주別酒		
두강주杜康酒		
삼오주三午酒-사양주		

ː 약용약주(가향주)

약용약주는 여러 약재와 꽃, 잎 등을 첨가하여 약효를 기대하는 술이다. 『수운잡방』 상편에는 잣, 호두, 복숭아 씨앗, 백출을 넣은 약용주가 기록되어 있다. 하권에 나오는 오정주는 특히 만병을 다스리고 허한 것을 보하며 수명을 늘리고 백발도 검게 할 뿐만 아니라 빠진 이도 다시 나게 하는 술로, 건주는 백병을 다스리는 처방의 술이라 되어 있다. 『산가요록』에 수록되어 있는 약용약주는 송화천로주, 연화주로 2항인데, 정리하면 [표 5]와 같다.

[표 5] 『수운잡방』과 『산가요록』의 약용 약주(가향주)

『수운잡방』 상편	『수운잡방』 하편	『산가요록』
백자주栢子酒	오정주五精酒	송화천로주松花天露酒
호도주胡桃酒	송엽주松葉酒	연화주蓮花酒
도인주桃仁酒	포도주蒲萄酒	
백출주白朮酒	애주艾酒	
	황국화주黃菊花酒法	
	건주법乾酒法	
	지황주地黃酒	

∶ 소주

『수운잡방』에는 밀가루를 재료로 하는 진맥소주가 기록되어 있다. 『산가요록』에는 소주 내리는 법, 자주, 메밀소주 등 3종의 소주가 실려 있으며, 정리하면 [표 6]과 같다. 진맥소주의 주재료는 밀이며, 목맥소주는 메밀과 보리로 술을 빚어 소주를 내리는 법이다. 자주는 약주에 약재를 넣어 중탕하여 소주를 내리는 약용소주법이다.

[표 6] 『수운잡방』과 『산가요록』의 소주

『수운잡방』 상편	『산가요록』
진맥소주眞麥燒酒	취소주법取燒酒法
	목맥소주木麥燒酒
	자주煮酒

2. 장

『수운잡방』에는 11항의 장 제조법이 나와 있다. 한편 『산가요록』에는 19항의 장이 기록되어 있는데, 그 내용은 [표 7]과 같다. 특히 전시全豉의 제법은 고대의 독특한 우리 장의 일종이었음을 알 수 있다. 이 밖에도 간장 제조법과 청장 등을 통해 오늘날의 장 제법이 나오기 전에 있던 간장을 유추할 수 있다. 『수운잡방』의 기화장과 『산가요록』의 지화청장只火淸醬의 기록들은 조선 초까지 밀기울을 함께 섞어 만든 장도 있었음을 알려준다. 이는 밀 재배가 우리 기후엔 맞지 않아 생산이 적은 까닭에 밀가루는 가루대로 국수나 만두용으로 쓰고 밀기울을 섞어 장을 만들었던 것이다.[●]

●
한복려, 『다시 보고 배우는 『산가요록』, 궁중음식연구원, 2011, 19쪽.

[표 7] 『수운잡방』과 『산가요록』의 장

『수운잡방』 상편	『산가요록』
즙저汁菹 1	말장훈조末醬勳造
즙저 2	전시全豉
즙장 만들기造汁	합장合醬
전시全豉	간장艮醬
봉리군 전시방奉利君全豉方	청장淸醬 1
수장법水醬法(간장 담그는 법)	청장 2
콩장 만드는 법造醬法 1	난장卵醬
콩장 만드는 법 2	치장雉醬
콩장 만드는 법 3	기화청장其火淸醬
청근장菁根醬	태각장太殼醬
기울장其火醬	청근장菁根醬 1
	청근장 2
	상실장橡實醬
	선용장施用醬
	천리장千里醬

한복려, 『산가요록』의 분석 고찰을 통해서 본 편찬 연대와 저자」, 『농업사연구』 권1호, 2003, 22쪽.

	치신장治辛醬 1
	치신장 2
	치신장 3
	치신장 4

3. 김치

『수운잡방』에 김치류는 상편에 13항, 하편에 2항이 수록되어 있다. 그 중 과저류가 5항으로 많은 부분을 차지하며 그 외의 것들은 순무, 배추, 토란, 동아, 파, 갓 등을 절이거나 담그는 방식으로 현재의 김치 제조법과 유사하다. 하지만 김치에조차 고추가 쓰이지 않았던 점으로 미루어 이 조리서가 『지봉유설』보다 앞선 시기에 집필된 것으로 추정할 수 있다. 특히 치저는 오이를 절여서 꿩고기 소를 넣은 김치로, 오늘날 김장 김치에 다양한 생선과 육류를 소로 넣는 법과 유사하다. 또 납조저는 술지게미를 넣은 독에 가지와 오이를 담그는 법으로 고대 김치법과 유사하다.

『산가요록』의 김치는 30항인데 그중 과저가 6항으로 가장 많으며, 그 외 무, 순무, 동아, 배추, 파, 송이, 생강, 마늘, 수박, 청태, 복숭아, 살구, 고사리 등으로 김치류를 제조하는 법을 기록했다. 특히 생파침채(파+소금+쌀밥, 파+소금+조밥)와 침강법(생강+소금+술, 술지게미+쌀밥)은 6세기 전반에 가사협賈思勰이 저술한 『제민요술』의 김치 무리가 주로 채소+소금, 채소+곡식(기장, 쌀밥, 쌀겨, 보리밥, 팥, 기장)+소금, 채소+술지게에 혹은 술 또는 채소+초+소금, 채소 과일즙+식초 등 다양한 제법의 고대 김치 무리와 유사한 김치류로 볼 수 있다.

『산가요록』에 비하여 『수운잡방』에는 곡물을 첨가한 김치류가 전혀 보이지 않는다. 똑같은 파김치 조리법도 곡물이 아니라 소금과 파만 가지고 담는 오늘날의 김치와 별반 다를 게 없어 『산가요록』의 편

찬 연도가 크게 앞서 있음을 알 수 있다. 『수운잡방』의 김치 제조법과
『산가요록』의 김치 제조법 내용을 비교하면 [표 8]과 같다.

[표 8] 『수운잡방』과 『산가요록』의 김치

『수운잡방』 상편	『수운잡방』 하편	『산가요록』
청교침채법靑郊沈菜法	향과저香苽菹	오이지瓜菹 1
배추 절이기沈白菜	겨울 나는 갓김치過冬芥菜沈法	오이지 2
고운대 김치土卵莖沈造		오이지 3
동아를 절여 오래 보관하는 법沈東瓜久藏法		오이지 4
과저苽菹		오이지 5
또 다른 과저又		오이지 6
수과저水苽菹		가지저茄子菹
노과저老苽菹		무김치菁沈菜 1
치저雉菹		무김치 2
납조저臘糟菹		동치미凍沈
무 절이기沈蘿蔔		나박김치蘿薄
파김치葱沈菜		토읍침채土邑沈菜 1
동치미土邑沈菜		토읍침채 2
		토란대김치芋沈菜
		동아김치冬瓜沈菜
		동아랄채冬瓜辣菜
		배추김치沈白菜
		무염침채법無鹽沈菜法
		선용침채旋用沈菜
		생파김치生葱沈菜 1
		생파김치 2
		송이버섯 담그기沈松耳
		생강 담그기沈薑法
		동아 담그기沈冬瓜
		마늘 담그기沈蒜
		수박 담그기沈西果
		푸른 콩 담그기沈靑太
		복숭아 담그기沈桃
		살구 담그기沈杏
		고사리 담그기沈蕨

4. 국

『수운잡방』하편에 서여탕薯蕷湯, 전어탕煎魚湯, 분탕粉湯, 삼하탕三下湯, 황탕黃湯, 삼색어아탕三色魚兒湯 등 여섯 가지 탕이 수록되어 있다. 서여탕은 기름진 고기를 참기름에 볶아 흑탕수黑湯水를 붓고 끓이다가 껍질 벗긴 마薯蕷를 넣고 계란을 넣어 만든 탕이다. 흑탕수는 『산가요록』의 흑탕에서 육수를 내는 기본 방법으로 꿩 육수를 으뜸이라고 해설한 바 있어 육수를 일컫는 것으로 볼 수 있다. 전어탕은 민물고기를 뜨거운 솥에서 참기름으로 볶아 장국에 넣어 끓이면서 잘게 썬 마, 계란을 넣은 탕이다. 분탕은 참기름과 파를 함께 볶아 묽은 탕을 만들어 청장으로 간을 맞춘 다음 긴 국수처럼 썬 기름진 고기와 황백 녹두묵과 생오이와 미나리, 도라지는 한 치 길이로 썰어 녹두가루로 옷을 입혀 끓는 물에 데쳐 낸 뒤 이 모두를 묽은 탕 속에 넣어 먹는 탕이다. 이 분탕은 깻국탕荏子水湯의 옛 모습을 엿볼 수 있는 탕이기도 하다. 삼하탕은 기름진 고기에 후추와 잘게 썬 파를 된장과 합하여 개암 크기의 완자로 만들고, 변식䭏食과 기자면棊子麵은 참기름에 지져서 이 세 가지에 탕을 부어 먹는 독특한 탕이다. 황탕은 황반黃飯을 지어놓고, 쇠고기 갈빗살을 삶아 편으로 썰며, 또 고기, 파, 후추를 섞어 새알처럼 완자를 빚어서 녹두녹말 옷을 입혀 삶아 낸다. 생강은 팥처럼 썰고 잣實栢, 개암榛子, 황반, 갈빗살, 완자의 육미六味를 넣고 끓여서 먹는 탕이다. 육미를 '양념'으로 해석할 수도 있겠으나 양념은 '오미五味'가 일반적이므로 이때의 육미는 생강, 잣實栢, 개암榛子, 황반黃飯, 가비손加非孫, 육단肉團으로 볼 수 있다. 삼색어아탕은 은어, 숭어의 껍질을 벗겨 녹두녹말을 입혀 끓는 물에 삶아 건지고, 또 생선살을 잘게 썰어서 녹두녹말과 호초, 호향胡香, 파를 섞어 된장으로 간하여 완자를 만들고, 대하는 편으로 썰고, 삼색녹두묵을 썰어 함께 탕을 부어 먹는 국이다. 은어와 숭어, 대하의 세 종류 어패류와 세 가지 색을 낸 녹두묵을 주재료로 한 별미 음식이며, 생선 완자를 만들 때 삼하탕처럼 된장麵醬으로 간한 것이 특이하다. 이 탕은 녹두묵국수湯麵의 한 형태로 볼 수 있고, 삼하탕, 황탕과 함께 밥을 곁들여 내지 않아도 되는 일품요리의 성격을 띤다.

『산가요록』에는 흑탕黑湯, 대구어피탕大口魚皮湯, 장사탕長沙湯, 진주탕珍珠湯의 네 종류가 실려 있다. 흑탕은 탕의 기본인 국물 내기에 대한 개관으로서, 꿩 삶은 물이 최고의 육수이며 그 외 닭과 날짐승이 쇠고기 육수보다 더 보편적으로 쓰였음을 짐작할 수 있다. 대구어피탕은 대구 껍질과 도라지, 마른 새우가루, 꿩고기를 모두 넣고 끓여 간장과 식초로 간을 한 탕이다. 오늘날 좀처럼 탕에 사용하지 않는 도라지를 『수운잡방』의 분탕에서와 같이 사용한 점이 특이하다. 장사탕은 꿩과 노루고기, 냉이와 석이, 계란을 모두 장국에 넣어 끓였으며 육류(꿩, 노루), 채소, 버섯, 난卵류 등 다양한 재료를 이용한 특이한 이름의 탕이다. 진주탕은 날꿩고기에 도라지, 노루고기, 생선, 계란, 오이지苽葅를 넣고 끓여 간장으로 간을 한 탕이다. 이 시기에는 오이 및 오이지 사용이 꽤 보편적인 것으로,『수운잡방』의 분탕에서 생오이가 부재료로 사용되어 이를 더욱 뒷받침해주고 있다.

이로써『수운잡방』과『산가요록』에 실린 탕의 실체는 현재의 국과는 다르게 탕면(국수 또는 만두)과 탕반(국밥) 등 다양한 국의 형태를 띠고 있으며, 쇠고기, 노루, 꿩, 계란, 민물고기, 마, 냉이, 도라지, 오이지 등 오늘날보다 더 다양한 재료를 쓰고 있음을 알 수 있다.

[표 9] 『수운잡방』과 『산가요록』의 국

『수운잡방』 하편	『산가요록』
서여탕법薯蕷湯法	흑탕黑湯
전어탕법煎魚湯法	대구어피탕大口魚皮湯
분탕粉湯	장사탕長沙湯
삼하탕三下湯	진주탕珍珠湯
황탕黃湯	
삼색어아탕三色魚兒湯	

『수운잡방』에는 '오천가법'이니 '현재 엿도가에서 사용하고 있는 좋은 방법'이니 하는 글이 나와 있어 이 책이 집필되던 당시 안동 지방에 널리 전해오던 향토 음식 조리법을 수록한 가치가 크다. 이는 『수운잡방』보다 약 1세기 앞선 전순의의 『산가요록』과 또 100년 이상 늦게 나온 장계향張桂香(1598~1680)의 『음식디미방』(1670) 등과 함께 고려시대부터 전해온 조선시대 전통 음식 조리법과 식생활 문화의 변천 과정을 살필 수 있는 자료다. 따라서 우리는 이 귀중한 기록 유산인 『수운잡방』을 보존하고 그 내용을 알림은 물론 이 책에 수록된 전통 조리법과 식생활 문화를 전승 발전시키는 데 온 힘을 다해야 할 것이다.

삼해주

정월 첫째 해일亥日에 멥쌀 1말을 깨끗이 씻어서 가루를 내고, 끓는 물 1말로 죽을 만들어 차게 식힌다. 이것을 누룩 5되, 밀가루 5되와 함께 섞어 독에 넣는다.

둘째 해일에 멥쌀 9말을 깨끗이 씻어서 가루를 내어 쪄서 익히고, 끓는 물 10말로 죽을 만들어 차게 식힌다. 이것을 누룩 1말과 섞어 먼저 빚은 술에 넣는다.

셋째 해일에 멥쌀 10말을 깨끗이 씻어서 가루를 내어 쪄서 익히고, 이것을 끓는 물 10말로 죽을 만들어 차게 식힌 다음, 앞의 술독에 섞어 넣는다.

익은 다음에 술을 거른다.

三亥酒

正月初亥日, 白米一斗, 百洗作末, 湯水一斗, 作粥待冷, 麴五升, 眞末五升, 和納瓮. 次亥日, 白米九斗, 百洗作末熟蒸, 湯水十斗, 作粥待冷. 麴一斗, 和前酒納. 三亥日, 白米十斗, 百洗作末熟蒸, 湯水十斗, 作粥待冷, 和前酒納瓮. 待熟上槽.

三亥酒

正月初亥日白米一斗百洗作末湯水一斗作粥待冷麴五升眞末五升和納瓮次亥日白米九斗百洗作末熟蒸湯水十斗作粥待冷麴一斗和前酒納三亥日白米十斗百洗作末熟蒸湯水十斗作粥待冷和前酒納瓮待熟上槽

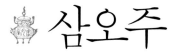# 삼오주

정월 첫째 오일午日에 밀가루 7되, 좋은 누룩 7되, 냉수 4동이를 독에 섞어 넣고 춥지도 덥지도 않은 곳에 둔다.

둘째 오일에 멥쌀 5말을 깨끗이 씻어서 하룻밤 물에 불렸다가 쪄서 익히고, 뜨거운 김이 식기 전에 앞의 술독에 섞어 넣는다.

셋째 오일에 멥쌀 5말을 깨끗이 씻어서 완전히 찌고, 뜨거운 김이 식기 전에 앞의 술독에 섞어 넣는다.

넷째 오일에 멥쌀 5말로 앞의 방법대로 한다.

단옷날이 되면 쓸 수 있다.

三午酒

正月初午日, 眞末七升, 好麴七升, 冷水四盆, 和納瓮, 置不寒不熱處. 二午日, 白米五斗, 百洗沈一宿熟蒸, 不歇氣納前瓮. 三午日, 白米五斗, 百洗全蒸, 不歇氣納前瓮. 四午日, 白米五斗如前法. 待端午日用之.

三午酒

正月初午日眞末七升好麴七升冷
水四盆和納瓮置
不寒不熱處二午日白米五斗百洗沈一宿熟蒸不
歇氣納前瓮三午日白米五斗百洗全蒸不歇氣納
前瓮四午日白米五斗如前法待端午日用之

# 사오주

정월 첫째 오일午日에 물 8동이를 끓여서 식힌 다음 먼저 독에 붓는다. 좋은 누룩 1되를 곱게 가루 내어 여러 번 체로 쳐서 독에 함께 넣는다. 밀가루 7되를 두세 번 체로 쳐서 독에 함께 넣는다. 멥쌀 1말을 깨끗이 씻어서 곱게 가루를 내어 쪄서 익히고, 덩어리를 풀어주며 차게 식힌 다음 독에 함께 넣고, 잘 저어서 춥지도 덥지도 않은 곳에 둔다. 둘째 오일에 멥쌀 5말을 깨끗이 씻어서 앞의 방법대로 하여 단단히 봉해둔다. 4월 20일에 열어 보면 독 밑까지 맑아 빛깔이 가을 이슬과 같으니, 이것을 떠서 쓴다. 그 찌꺼기는 마치 이화주 같아 물에 타서 마시면 매우 좋다. 이것을 소곡주小麴酒라고도 한다.

(다른 방법으로는 물 7동이, 누룩 3되, 밀가루 5되로 빚을 수 있다.)

四午酒

正月初午日, 水八盆, 沸湯待冷, 先注瓮中.
好麴一升, 細末重篩入瓮. 眞末七升, 再篩
又入瓮. 白米一斗, 百洗細末熟蒸, 解塊待
冷入瓮, 和攪置不寒不熱處. 次午日, 白米
五斗, 百洗如前法堅封. 四月二十日開見,
則澄清到底, 色如秋露, 挹而用之. 其滓正
如梨花酒, 和水飮之甚好. 亦云小麴酒.(一
方, 水七盆, 麴三升, 眞末五升.)

벽향주

멥쌀 1말 5되, 찹쌀 1말 5되를 깨끗이 씻어서 하룻밤 물에 불렸다가 가루를 내고, 끓는 물 4말로 죽을 만들어 차게 식힌다. 이것을 좋은 누룩 5되, 밀가루 5되와 함께 독에 섞어 넣는다.

7일이 지나, 멥쌀 8말을 앞의 방법대로 가루를 내고, 끓는 물 9말로 죽을 만들어 차게 식힌다. 이것을 좋은 누룩 1말과 먼저 빚은 술을 꺼내 섞은 뒤에 독에 함께 넣는다.

또 7일이 지나, 멥쌀 4말을 깨끗이 씻어서 완전히 찌고, 끓는 물 5말과 지에밥을 섞어 차게 식힌 뒤 독에 섞어 넣는다.

두이레(14일) 후에 술을 거른다.

碧香酒

白米一斗五升, 糯米壹斗五升, 百洗浸一宿作末, 湯水四斗, 作粥待冷. 好麴五升, 眞末五升, 和納瓮. 隔七日, 白米八斗, 如前法, 湯水九斗, 作粥待冷. 好麴一斗, 殿出前酒, 和納瓮. 又七日, 白米四斗, 百洗全蒸, 湯水五斗, 和飯待冷納瓮. 二七日上槽.

碧香酒

白米一斗五升糯米壹斗五升百洗浸一宿作末湯水四斗作粥待冷好麴五升眞末五升和納瓮隔七日白米八斗如前法湯水九斗作粥待冷好麴一斗殿出前酒和納瓮又七日白米四斗百洗全蒸湯水五斗和飯待冷納瓮二七日上槽

🏮 만전향주

멥쌀 1말을 깨끗이 씻어서 하룻밤 물에 불렸다가 곱게 가루를 내고 끓는 물 3사발로 죽을 만들어 차게 식힌다. 이것을 누룩 2되와 섞어 독에 넣는다.

7일이 지나, 멥쌀 2말을 깨끗이 씻어서 하룻밤 물에 불렸다가 통째로 찌고, 끓는 물 6사발을 섞어서 차게 식힌다음, 누룩 2되와 함께 독에 섞어 넣는다.

7일이 지나, 술독 위가 맑아지면 술을 거른다.

滿殿香酒

白米一斗, 百洗浸宿細末, 湯水三鉢, 作粥待冷, 麴二升, 和納瓮. 隔七日, 米二斗, 百洗浸宿全蒸, 湯水六鉢, 和交待冷, 麴二升, 和納瓮. 待七日, 甕頭淸上槽.

滿殿香酒
白米一斗百洗浸宿細末湯水三鉢作待冷麴二升
和納瓮隔七日米二斗百洗浸宿全蒸湯水六鉢和
交待冷麴二升和納瓮待七日甕頭淸上槽

粥

두강주

멥쌀 5말을 깨끗이 씻어 하룻밤 물에 불렸다가 곱게 가루를 내고 끓는 물 14사발로 죽을 만들어 차게 식힌다. 이것을 좋은 누룩 1말과 섞어 독에 넣는다.

5일이 지나, 멥쌀 5말을 앞의 방법대로 죽을 만들어 독에 섞어 넣는다.

또 5일이 지나, 멥쌀 5말을 깨끗이 씻어 하룻밤 불렸다가 완전히 찌고, 뜨거운 김이 식기 전에 독에 섞어 넣는다.

술이 익으면 술을 거른다.

杜康酒

白米五斗, 百洗浸宿細末, 湯水十四鉢, 作粥待冷, 好麴一斗, 和納瓮. 隔五日, 白米五斗, 如前法和納. 又隔五日, 白米五斗, 百洗一宿全蒸, 不歇氣納瓮. 待熟上槽.

杜康酒

白米五斗百洗浸宿細末湯水十四鉢作粥待冷
好麴一斗和納瓮隔五日白米五斗如前法和納又
五日白米五斗百洗一宿全蒸不歇氣納瓮待熟上
槽

벽향주

멥쌀 4말을 깨끗이 씻어 곱게 가루를 내고, 끓는 물 5말로 죽을 만들어 차게 식힌다. 이것을 누룩 1말과 섞어 독에 넣는다.
5일이 지나, 멥쌀 4말로 앞의 방법대로 한다.
또 5일이 지나, 멥쌀 8말을 깨끗이 씻어 곱게 가루를 내어 푹 쪄서 익히고, 끓는 물 9말로 죽을 만들어 앞의 방법대로 독에 섞어 넣는다.
20일이 지나 술을 거른다.

碧香酒

白米四斗, 百洗細末, 湯水五斗, 作粥待冷, 麴一斗, 和
納瓮. 隔五日, 白米四斗, 如前法. 隔五日, 白米八斗,
百洗細末熟蒸, 湯水九斗, 作粥如前法納瓮. 經二十日
上槽.

칠두주

멥쌀 2말 5되를 깨끗이 씻어 하룻밤 물에 불렸다가 곱게 가루를 내고, 끓는 물 3말로 죽을 만들어 차게 식힌다. 이것을 누룩 5되, 밀가루 2되와 함께 독에 섞어 넣는다.

3일이 지나, 멥쌀 4말 5되를 깨끗이 씻어 완전히 찌고, 끓는 물 5말로 고루 풀어서 먼저 빚은 술과 섞어 독에 넣는다.

익으면 술을 거른다.

七斗酒

白米二斗五升, 百洗浸一宿細末, 湯水三斗, 作粥待冷, 麴五升, 眞末二升, 和納瓮. 隔三日, 白米四斗五升, 百洗全蒸, 湯水五斗, 均拌和前酒納瓮. 待熟上槽.

소곡주

멥쌀 3말을 깨끗이 씻어 곱게 가루를 내고, 끓는 물 3말로 죽을 만들어 차게 식힌다. 이것을 누룩 5되, 밀가루 5되와 섞어 독에 넣는다.

술이 익으면, 멥쌀 6말을 깨끗이 씻어 곱게 가루를 내어 쪄서 익힌 후, 끓는 물 6말로 죽을 만들어 차게 식힌 다음 먼저 빚은 술에 섞어 독에 넣는다.

술이 익으면, 멥쌀 6말을 깨끗이 씻어 완전히 찌고, 끓는 물 6말에 지에밥을 섞어 차게 식힌 다음, 먼저 빚은 술에 섞어 독에 넣는다.

술이 익으면 쓴다.

小麯酒

白米三斗, 百洗細末, 湯水三斗, 作粥待冷, 麯五升, 眞末五升, 和納瓮. 待熟, 白米六斗, 百洗細末熟蒸, 湯水六斗, 作粥待冷, 和前酒納瓮. 待熟, 白米六斗, 百洗全蒸, 湯水六斗, 和飯待冷, 和前酒納瓮. 待熟用之.

小麯酒
白米三斗百洗細末湯水三斗作粥待冷麯五升眞末五升和納瓮待熟白米六斗百洗細末熟蒸湯水六斗作粥待冷和前酒納瓮待熟白米六斗百洗全蒸湯水六斗和飯待冷和前酒納瓮待熟用之

감향주

멥쌀 2말을 깨끗이 씻어 곱게 가루를 내어 끓는 물 1말로 죽을 만들어 차게 식힌다. 이것을 누룩 1되와 섞어 독에 넣는다.

겨울이면 7일, 여름이면 3일, 봄가을이면 5일이 지나, 찹쌀 2말을 깨끗이 씻어 완전히 쪄서 차게 식힌 다음 먼저 빚은 술과 섞어 독에 넣는다.

7일이 지나면 쓴다.

甘香酒

白米二斗, 百洗細末, 湯水一斗, 作粥待冷, 麴一升, 和納瓮. 冬七日, 夏三日, 春秋五日, 粘米二斗, 百洗全蒸待冷, 和前酒納瓮. 經七日用之.

백자주

콩팥과 방광이 냉한 것을 치료하고, 두풍·백사·귀매를 없앤다

백자柏子(잣) 1말을 깨끗이 씻어서 곱게 찧어, 물 4말을 넣고 체에 걸러 껍질과 찌꺼기를 없앤 다음 팔팔 끓인다.
멥쌀 1말 5되, 찹쌀 1말 5되를 깨끗이 씻어 곱게 가루를 내어 쪄서 익힌 다음, 앞의 잣과 함께 끓인 물 4말에 섞어 밑술醅을 만들어 차게 식힌다. 이것을 누룩가루 3되와 섞어 독에 넣는다.
맑게 익으면 술을 거른다.

栢子酒

治腎中冷膀胱冷, 去頭風百邪鬼魅

栢子一斗, 極洗細擣, 水四斗, 篩漉之, 去皮滓沸湯.
白米一斗五升, 粘米一斗五升, 百洗細末熟蒸, 和右湯水四斗, 作醅待冷, 麴末三升, 和納瓮. 待淸上槽.

栢子酒 治腎中冷膀胱冷 去頭風百邪鬼魅

栢子一斗極洗細擣水四斗篩漉之去皮滓沸湯白米一斗五升粘米一斗五升百洗細末熟蒸和右湯水四斗作醅待冷麴末三升和納瓮待淸上槽

호도주

오로칠상●을 치료하고, 부족한 기를 보한다

멥쌀 1말을 깨끗이 씻어 곱게 가루를 내고, 팔팔 끓인 물 1말과 섞어 떡을 만들어 차게 식힌다. 껍질을 깐 호두 5홉을 곱게 갈아 누룩 5되와 잘 섞어서 독에 넣는다.

술이 익으면 멥쌀 3말을 깨끗이 씻어 지에밥을 쪄서 물 3말과 잘 섞어 차게 식힌다. 누룩 3되, 껍질을 깐 호두 1되 5홉을 곱게 갈아서 먼저 빚은 술에 함께 섞어 독에 넣는다.

익으면 쓴다.

●
오로五勞는 지志·사思·심心·우憂·피疲의 다섯 가지로 인해 몸이 피로해지는 것을 말한다. 칠상七傷은 몸이 점점 수척해지고 쇠약해지는 증상이 생기는 일곱 가지 원인, 즉 음한陰寒·음위陰痿·이급裏急·정루精漏·정소精少·정청精淸·소변삭小便數을 일컫는다.

胡桃酒

治五勞七傷, 補氣不足

白米一斗, 百洗細末, 水一斗, 極湯和均, 作餅待冷, 實
胡桃五合, 細研, 麴五升, 調和納瓮. 待熟, 白米三斗,
百洗蒸飯, 水三斗, 和均待冷, 麴三升, 實胡桃一升五
合, 細研, 和前酒納瓮. 待熟用之.

상실주

도토리 1섬을 흐르는 물에 담가 오래 우려내어 거칠게 가루를 내었
다가 햇볕에 말린 다음 곱게 가루를 만든다. 찹쌀 6말을 깨끗이 씻어
곱게 가루를 내고, 두 가지를 섞어 쪄서 익힌 다음 차게 식힌다. 두
가지를 합한 것 2말당 좋은 누룩 3되씩을 섞어 독에 넣는다.

술이 익으면 찹쌀을 곱게 가루로 만들어 죽 한 동이를 만들어 독에
넣는다.

술이 익어 독 밑까지 맑아지면 청주를 떠서 쓰고, 술을 떠낼 때마다
찹쌀 죽을 그에 가늠하여 넣어준다.

술을 거른 뒤, 그 술지게미를 햇볕에 말려 저장해두었다가 멀리 여행할
때 먹으면 좋다. 3, 4월에 매사냥을 하거나 오후에 하인들이 허갈이 들
때에 이것을 냉수에 타서 마시면 몸이 가벼워지고 다리에 힘이 난다.

橡實酒

橡實米一石, 沈流水久潤麤末, 陽乾細末.
粘米六斗, 百洗細末, 和合熟蒸待冷, 二物
合二斗, 好麴三升計, 和納甕. 待熟, 粘米
細末, 作粥一盆納瓮. 澄淸到底, 汲用以淸
酒, 出數粘粥準納. 若上槽後, 其滓陽乾藏
之, 遠行服之爲好. 三四月放鷹時, 午後下
人虛喝, 冷水和飮之, 輕身健脚力.

하일절주

멥쌀 3말을 깨끗이 씻어 곱게 가루를 내고, 끓는 물 7사발로 죽을 만들어 차게 식힌다. 이것을 누룩 5되와 섞어 술을 빚는다.

3일이 지나, 멥쌀 4말, 찹쌀 1말을 깨끗이 씻어 완전히 찌고, 끓는 물 5말에 풀어 차게 식힌 다음, 먼저 빚은 술에 섞어 빚는다.

7일이 지나면 쓴다.

夏日節酒

白米三斗, 百洗細末, 湯水七鉢, 作粥待冷, 麴五升, 和釀. 隔三日, 白米四斗, 粘米一斗, 百洗全蒸, 湯水五斗, 和待冷, 前酒和釀. 經七日用之.

또 다른 하일절주

멥쌀 1말을 깨끗이 씻어 곱게 가루를 내어 쪄서 익히고, 끓는 물에 풀어 밑술醅를 만들어 차게 식힌다. 이것을 누룩 5되, 밀가루 5홉과 섞어 술을 빚는다.
술이 익으면 찹쌀 2말을 깨끗이 씻어 앞의 방법대로 밑술을 만들어 함께 섞어 술을 빚고는 익으면 쓴다.

又

白米一斗, 百洗細末, 熟蒸, 湯水作醅待冷, 麯五升, 眞末五合, 和釀. 待熟, 粘米二斗, 百洗如前法, 和釀用之.

又
白米一斗百洗細末熟蒸湯水作醅待冷麴五升
眞末五合和釀待熟粘米二斗百洗如前法和釀
用之

삼일주

멥쌀 1말을 깨끗이 씻어 하룻밤 물에 불렸다가 곱게 가루를 내고, 이것을 쪄서 익혀 차게 식힌다.

하루 전날 물 1말을 팔팔 끓여 차게 식히고, 누룩 3되와 섞어 독에 넣어둔다. 다음 날 식혀둔 증병을 전날 끓여둔 물에 섞어 독에 넣는다. 다음 날이면 열어서 쓸 수 있다.

또 5~6일이 지나 멥쌀 2말을 깨끗이 씻어 하룻밤 물에 불렸다가 밥처럼 쪄서 익혀 먼저 빚은 술에 섞어 빚으면, 두이레(14일) 후에 좋은 향기가 난다.

사계절 모두 만들 수 있으나 여름철이 더 좋다.(술을 담글 때 누룩물은 체로 찌꺼기를 걸러내면 술 빛깔이 좋아진다.)

三日酒

白米一斗, 百洗浸一宿細末, 熟蒸放冷. 前一日, 水一斗, 沸湯待冷, 麴三升, 和納甕. 次日, 以放冷蒸餠, 和前水納瓷. 翌日開用. 復則五六日後, 白米二斗, 百洗浸一宿, 如飯熟蒸, 前酒和釀, 二七日後有香. 四節皆可, 然夏節尤佳.(釀時麴水, 下篩去滓, 色好.)

하일청주

찹쌀 3말을 깨끗이 씻어 끓는 물 2동이에 3일간 불리고, 찹쌀을 건져 내어 쪄서 익힌 뒤, 앞의 찹쌀을 불리던 물을 다시 끓여서 찐밥과 섞어 차게 식힌다. 이것을 누룩 6되와 섞어 술을 빚다가, 밥알*이 떠오르면 술을 떠서 쓴다.

오래된 누룩을 베주머니에 싸서 담가두면, 오래 지나도 술맛이 변하지 않는데, 그 양은 적절히 가늠해서 쓴다.

●
술이 익으면 밥알이 떠오르는 것을 말하며, 술구더기, 부의浮蟻라고도 한다.

夏日清酒

粘米三斗, 百洗, 湯水二盆, 浸三日, 漉出熟蒸, 前水更湯, 和飯待冷, 麴六升和釀, 蟻浮用之. 裹陳麴沈之, 則雖久不變味. 多少 任意釀之.

夏日清酒

粘米三斗百洗湯水二盆浸三日漉出熱蒸前水更湯和飯待冷麴六升和釀蟻浮用之裹陳麴沈之雖久不變味多少任意釀之

하일점주

찹쌀 2말을 깨끗이 씻어 독에 넣고, 끓여 식힌 물熟水 1동이를 함께 붓는다. 3일이 지나, 찹쌀 담근 물을 다시 끓여 지에밥으로 쪄서 차게 식힌다.
다음 날 누룩 4되와 섞어 술을 빚는다.
7일이면 익는다.

夏日粘酒

粘米二斗, 百洗納瓮, 熟水一盆幷注. 待三日, 右水更湯, 蒸飯待冷, 翌日, 麴四升和釀. 七日方熟.

또 다른 하일점주

찹쌀 1말을 깨끗이 씻어 독에 넣고, 끓여 식힌 물 1말을 함께 독에 넣는다.
3일이 지나, 이 찹쌀을 쪄서 익히고 찹쌀 담근 물을 끓여서 누룩 1되와 섞어 술을 빚는다. 7일 후면 맑게 변하고 술구더기蛆가 둥둥 뜬다.

又

粘米一斗, 百洗納瓮, 熟水一斗, 幷納瓮. 過三日, 右米熟蒸同蒸水, 和麴一升合釀. 七日澄淸, 浮蛆泛泛.

또 다른 하일점주

멥쌀 2되를 거듭 찧어 깨끗이 씻어 하룻밤 물에 불렸다가 가루를 내어 체로 여러 번 친다. 이것을 끓는 물에 섞어 밑술麯을 만들어 차게 식혀 좋은 누룩 2되와 섞어 술을 빚는다.

3일째 되는 날, 찹쌀 2말을 깨끗이 씻어 하룻밤 물에 불렸다가 다시 쪄서 차게 식힌 다음, 앞의 술과 섞어서 빚어 시원한 곳에 둔다.

맑게 익으면 쓴다.

又

白米二升, 更舂百洗浸一宿, 作末重篩, 湯水作酷待冷, 好麴二升和釀. 第三日, 粘米二斗, 百洗浸一宿, 再蒸待冷, 前酒和釀, 置涼處. 待淸用之.

소곡주 만드는 다른 방법

정월과 2월 사이에 멥쌀 5말을 깨끗이 씻어 가루를 내고, 끓는 물 6동이 반으로 죽을 만들어 차게 식힌다. 이것을 누룩 5되, 밀가루 5되와 섞어 술을 빚는다.

7일이 지나, 멥쌀 5말을 가루로 만들어 물기 없이 쪄서 먼저 빚은 술에 섞어 빚는다.

또 7일이 지나, 앞의 방법대로 섞어 빚어서 덥지도 춥지도 않은 곳에 둔다. 모란과 장미가 필 무렵, 술이 맑아지면 술을 걸러서 쓴다. 그 술지게미를 물에 타서 마시면 이화주와 같은데, 향기는 더 진하다.

小麴酒又法

正二月內, 白米五斗, 百洗作末, 湯水六盆半, 作粥待冷, 麴五升, 眞末五升, 和釀. 待七日, 白米五斗, 作末乾蒸, 前酒和釀. 又待七日, 如前法和釀, 置不暖不寒處. 牧丹薔薇開時, 澄淸則上槽用之. 其滓和水飮之, 如梨花酒, 香洌過之.

🏺 진맥소주

밀 1말을 깨끗이 씻어서 푹 찌고는 좋은 누룩 5되와 함께 절구에 찧어 독에 넣고, 찬물 1동이를 부어서 잘 젓는다. 5일째 되는 날, 술을 고아 모으면 4복자가 나오는데 매우 독하다.

眞麥燒酒

眞麥一斗, 淨洗爛蒸, 好麴五升, 合搗納瓮, 冷水一盆, 注下攪之. 第五日, 燒取酒, 四鐥極猛.

 # 녹파주

멥쌀 1말을 깨끗이 씻어 가루를 내고, 물 3말로 죽을 만들어 차게 식힌다. 이것을 누룩 1되, 밀가루 5홉과 섞어 독에 넣는다.
3일이 지나, 찹쌀 2말을 깨끗이 씻어 밥을 짓고 식힌 후 먼저 빚은 술과 함께 독에 섞어 넣는다.
12일 후에 열어서 쓴다.

綠波酒

白米一斗, 百洗作末, 水三斗, 作粥待冷, 麴一升, 眞末五合, 和納瓮. 三日後, 粘米二斗, 百洗炊飯待冷, 和前酒納瓮. 十二日開封用之.

綠波酒
白米一斗 百洗作末水三斗 作粥待冷 麴一升 眞末
五合 和納瓮 三日後 粘米二斗 百洗炊飯待冷 和前酒
納瓮 十二日 開封用之

일일주

물 3말, 좋은 누룩 2되, 좋은 술 1사발을 함께 섞어서
물이 새지 않는 독에 넣는다. 멥쌀 1말을 깨끗이 씻어서
쪄서 익히고, 뜨거운 김이 식기 전에 물소리가 나지 않도
록 조심스럽게 독에 넣고, 젓지도 않는다.
따뜻한 곳에 두면, 아침에 빚으면 저녁에 익고, 저녁에
빚으면 아침에 익는다.

一日酒

水三斗, 好麴二升, 好酒一鉢, 和納不津瓮, 白米一斗,
淨洗熟蒸, 不歇氣無水聲納瓮, 亦勿攪之. 置溫處, 則
朝釀夕熟, 夕釀朝熟.

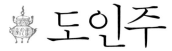 # 도인주

도인桃仁(복숭아씨) 500개를 뾰족한 씨눈과 쌍인雙仁(2알 배기)을 제거하고, 청주 3병을 부어가면서 맷돌에 갈아 고운 명주체로 거른다. 이것을 물이 새지 않는 항아리에 담아 입구를 봉하고 솥 안에 띄워 중탕하는데, 술을 쓸 때 누른빛을 띠면 잘된 것이다. 매일 아침 따뜻하게 데 워 한 종지씩 마신다.(껍질을 벗길 때, 물에 불려서 까면 수월하다.)

桃仁酒

桃仁五百箇, 去皮尖雙仁, 淸酒三瓶, 爲水碾磨, 細絹 漉下, 納不津缸封口, 浮於釜中煮之, 用時酒色黃則爲 好. 每朝溫服一鍾.(去皮, 浸水爲易.)

桃仁酒
桃仁五百箇去皮尖雙仁淸酒三瓶爲水碾磨細絹
漉下納不津缸封口浮於釜中煮之用時酒色酒黃
則爲好每朝溫服一鍾 去皮浸水爲易

백화주

멥쌀 3말을 깨끗이 씻어 곱게 가루를 내고, 물 4말이 3말이 될 때까지 팔팔 끓인 것으로 죽을 만들어 차게 식힌다. 이것을 누룩 3되, 밀가루 2되와 섞어 독에 넣는다.
5일째 되는 날, 멥쌀 3말을 깨끗이 씻어 완전히 찌고, 끓는 물 3말과 고루 섞어서 차게 식힌다. 이것을 누룩을 더하지 않고 먼저 빚은 술에 섞어 독에 넣었다가 익으면 쓴다.

白花酒

白米三斗, 百洗細末, 水四斗, 沸煎至三斗, 作粥待冷, 麴三升, 眞末二升, 和納甕. 第五日, 白米三斗, 百洗全蒸, 湯水三斗, 均拌待冷, 無麴和前酒納瓷, 待熟用之.

白花酒
白米三斗百洗細末水四斗沸煎至三斗作粥待冷
麴三升眞末二升和納甕第五日白米三斗百洗全
蒸湯水三斗均拌待冷無麴和前酒納甕待熟用之

유하주

멥쌀 2말 5되를 깨끗이 씻어 하룻밤 물에 불렸다가 곱
게 가루를 내고, 끓는 물 2말 5되로 죽을 만들되, 반은
설고 반은 익은 상태로 만들어 차게 식힌다. 이것을 좋
은 누룩가루 3되, 밀가루 1되와 섞어 독에 넣는다.
7일이 지나, 멥쌀 5말을 깨끗이 씻어 하룻밤 물에 불렸
다가 통째로 찌고, 이것을 끓는 물 5말에 말아 밥을 만
들어 차게 식힌 다음, 먼저 빚은 술을 내어 함께 섞어서
독에 넣는다.
두이레(14일)가 지나 익으면 쓴다.

流霞酒

白米二斗五升, 百洗浸一宿細末. 湯水二斗五升, 作粥
令半生半熟待冷, 好麴末三升, 眞末一升, 和納甕. 七
日後, 白米五斗, 百洗浸一宿全蒸, 湯水五斗, 和飯待
冷, 出前酒和納甕. 二七日後, 待熟用之.

流霞酒
白米二斗五升百洗浸一宿細末湯水二斗五升作
粥令半生半熟待冷好麴末三升眞末一升和
納甕七日後白米五斗百洗浸一宿全蒸湯水五斗
和飯待冷出前酒和納甕二七日後待熟用之

이화주 누룩 만드는 법

배꽃이 필 무렵, 멥쌀 적당량을 가늠하여 깨끗이 씻어 물에 담가 하룻밤 불렸다가, 아주 곱게 가루를 내어 여러 차례 체로 친다. 여기에 물을 조금씩 뿌려가면서 섞어, 온 힘을 다하여 오리알 크기의 단단한 덩어리로 만든다. 달걀을 싸듯이 하나하나 다북쑥으로 싸서 빈 가마니에 넣어둔다.

7일 후에 뒤집어주고, 삼칠일(21일)이 지나 꺼내 보아 곰팡이가 황백색으로 섞여 있으면, 꺼내서 잠시 바람을 쏘였다가 저장해두고 쓴다.

梨花酒造麴法

當梨花開時, 白米多少, 任意百洗, 浸水經宿, 細細作末重篩, 以水灑少許合和, 極力堅作塊如鴨卵大. 箇箇蒿草裹如鷄卵, 裹空石入置. 七日後飜置, 三七日後出見, 其色黃白相雜, 則出蟄去風, 藏置用之.

梨花酒造麴法 當梨花開時白米多少任意百洗浸水經宿細細作末重篩以水灑少許合和極力堅作塊如鴨卵大箇箇蒿草裹如鷄卵裹空石入置七日後飜置三七日後出見其色黃白相雜則出蟄去風藏置用之

오두주

멥쌀 5말을 깨끗이 씻어 곱게 가루를 내고, 쪄서 익혀 덩어리를 풀어주며 차게 식힌다. 물 10말을 팔팔 끓여 차게 식혀 술밥에 부어 죽을 만든다. 이것을 좋은 누룩 가루 1말과 섞어 독에 넣는다.

같은 날 찹쌀 5되를 물에 불려두었다가 3일째 되는 날 찹쌀을 건져내고, 쌀 불리던 물을 뿌려가면서 지에밥을 쪄서 차게 식힌 다음 독에 넣는다.

맑게 익으면 술을 거른다.

五斗酒

白米五斗, 百洗細末, 熟蒸解塊待冷, 水十斗, 沸湯待冷, 注作粥, 好麴末一斗, 和納甕. 同日粘米五升沈水, 第三日拯出, 灑沈水蒸飯待冷, 納甕. 待淸上槽.

五斗酒
白米五斗百洗細末熟蒸解塊待冷 水十斗沸湯待
冷注作粥好麴末一斗和納甕同日粘米五升沈水
第三日拯出灑沈水蒸飯待冷納甕待淸上槽

감향주

멥쌀 5되를 깨끗이 씻어 곱게 가루를 내고, 구멍떡을 만들어 이것을 푹 삶아서 차게 식힌다. 밀가루 5되를 세모시로 거듭 쳐서 섞어 술을 빚고 닥나무잎으로 고르게 싸둔다.

3일째 되는 날, 찹쌀 5말을 깨끗이 씻어 끓여 식힌 물 1동이에 하룻밤 담가둔다. 또 3일이 지나, 찹쌀을 건져내고 찹쌀 담갔던 물을 뿌려가며 지에밥을 쪄서 차게 식혀서 이것을 먼저 빚은 술을 꺼내어 함께 섞어서 독에 넣는다. 5~6일이 지나 익으면 쓴다.

甘香酒

白米五升, 百洗細末, 作孔餅, 熟烹待冷, 眞末五升, 細紵布重下和釀, 楮葉均包. 第三日, 粘米五斗百洗, 熟水一盆沈宿. 又三日拯出, 以沈水灑蒸待冷, 出前酒和納甕. 五六日, 方熟用之.

甘香酒
白米五升百洗細末作孔
餅熟烹待冷眞末五升細
紵布重下和釀楮葉均包
第三日粘米五斗百洗熟
水一盆沈宿又三日拯出
以沈水灑蒸待冷出前酒
和納甕五六日方熟用之

# 백출주

멥쌀 3말을 깨끗이 씻어 하룻밤 물에 불렸다가 이튿날 다시 씻어 밑술酷을 만든다. 이것을 백출가루 5되, 누룩 5되와 섞어 독에 넣는다.
익으면 술을 거르고, 물을 타서 마신다.
백출을 진하게 달인 물에 지에밥을 말아 술을 빚어도 좋고, 쑥 달인 물에 지에밥을 말아 술을 빚어도 된다.

白朮酒

白米三斗, 百洗浸水一宿, 翌日更洗作醋. 白朮末五升, 麴五升, 和納甕. 待熟上槽, 和水飮之. 白朮濃煎水, 和飯造釀亦妙, 艾煎水, 和飯造酒亦通.

白朮酒
白米三斗百洗浸水一宿翌日更洗作醋白朮末五
升麴五升和納甕待熟上槽和水飮之白朮濃煎水
和飯造釀亦妙艾煎水和飯造酒亦通

정향주

멥쌀 1되를 깨끗이 씻어 하룻밤 재웠다가 가루를 내고, 구멍떡을 만들어 푹 쪄서 차게 식힌다. 이것을 햇볕과 이슬을 맞힌 누룩 1되와 섞어 작은 그릇에 담는다.

3일째 되는 날, 멥쌀 1말을 깨끗이 씻어 하룻밤 재웠다가, 푹 익을 때까지 물 1사발을 나누어 뿌리며 쪄서 차게 식힌다. 이것을 먼저 빚어놓은 본주本酒와 섞어 항아리에 담아 따뜻한 곳에 둔다.

세이레(21일) 뒤면 쓰는데, 오래 둘수록 맛이 더 달다.(술동이는 햇볕이 들지 않는 곳에 둔다. 아래도 같다.)

丁香酒

白米一升, 百度洗淨, 經宿作末, 作孔餠, 爛熟待冷, 麴一升曝露, 和納小器. 第三日, 白米一斗, 百洗經宿, 以水一鉢, 爛熟爲限, 灑蒸待冷, 和本酒納缸, 置溫處. 三七日後用之, 愈久則味愈甘.(置處不犯日遊所在. 下同.)

십일주

멥쌀 1말을 깨끗이 씻어 가루를 내어 쪄서 익히고, 시루 밑의 물을 적절히 뿌려 잘 섞어 차게 식힌다. 이것을 좋은 누룩 2되와 섞어 독에 넣고, 입구를 봉하여 서늘한 곳에 둔다.

5일이 지나, 정화수 2동이를 1동이가 되도록 끓이고, 먼저 빚은 술을 꺼내서 이 물을 첨가하여 술을 걸러 내어 병에 담아둔다. 멥쌀 또는 찹쌀 2되를 깨끗이 씻어 푹 익도록 지에밥을 지어 차게 식힌 다음, 누룩 1되와 섞어 독에 넣는다. 그런 다음 걸러둔 술을 부어 넣고, 입구를 봉해서 다시 따뜻한 곳에 두었다가 5일 뒤에 쓴다. 만약 너무 더운 계절이라면 술독을 물에 담가두고, 물을 자주 갈아주어 뜨거운 기운에 접촉하지 않도록 해야 한다.

十日酒

白米一斗, 百洗作末熟蒸, 以甑下水適中和均待冷, 好麴二升, 和合納甕, 封置涼處. 待五日, 井花水二盆, 煎至一盆, 出前酒以此水添漉爲瓶. 白米粘米中二升, 百洗作爛飯待冷, 麴一升, 和納甕. 次注漉酒封口, 又置溫處, 待五日用之. 若極熱時, 則酒甕沈水, 數數改水, 愼勿令觸熱.

동양주

멥쌀 1되를 깨끗이 씻어 곱게 가루를 내고, 구멍떡을 만들어 좋은 누
룩 2되와 섞어 술을 빚는다.
4일이 지나, 찹쌀 1말을 깨끗이 씻어 완전히 찌고, 끓는 물 1말을 지
에밥에 섞어 차게 식힌 다음 이것을 먼저 빚어둔 술과 섞어 빚는다.
그 맛이 꿀과 같다.

冬陽酒

白米一升, 百洗細末, 作孔餠, 好麴二升, 和釀. 隔四日, 粘米一斗, 百洗全蒸, 湯水一斗, 和飯待冷, 前酒合釀. 其味如蜜.

冬陽酒
白米一升百洗細末作孔餠好麴二
升和釀隔四日
粘米一斗百洗
全蒸湯水一斗和飯待冷前酒合釀
其味如蜜

보경가주 ^{이 또한 하일주다}

찹쌀 2말을 깨끗이 씻어, 끓여서 열기가 남은 물 1동이와 섞어 독에
넣고 온돌에 둔다.
3일 뒤에 이 찹쌀을 쪄서 익히고, 달인 물 4병을 섞어 죽처럼 저어주
며 차게 식힌다. 이것을 누룩 2되와 섞어 술을 빚는다.
7일이 지나, 떠오른 밥알을 먼저 건져두고, 술은 체로 걸러 찌꺼기를
버리며, 거른 술과 밥알을 다시 독에 넣는다.
또 7일이 지나면 쓰는데, 그 맛이 더욱 좋다. 생수生水는 일체 금한다.

寶卿家酒 此亦夏日酒

粘米二斗, 百洗, 熟水稍熱, 一盆入甕, 置溫突. 三日
後熟蒸, 煎水四瓶和之, 如粥攪之待冷, 麴二升和釀.
待七日, 先拯浮米, 以篩去滓, 還注甕, 浮米亦還注.
又待七日用之, 其味愈好, 切忌生水.

동하주

멥쌀 5말을 깨끗이 씻어 하룻밤 물에 불렸다가 가루를
내어, 끓인 물 5말에 섞어 반은 설고 반은 익게 만들어
차게 식힌다. 이것을 누룩가루 5되와 섞어 술을 빚는다.
6일째 되는 날, 멥쌀 10말을 깨끗이 씻어 하룻밤 물에
불렸다가 완전히 찌고, 끓는 물 10말을 섞어 차게 식힌
다음, 먼저 빚은 술에 섞어 빚는다.
7일이 지나면 술을 거르는데, 반드시 두 차례 맑게 가라
앉힌다. 맛이 너무 쓰면 물을 타서 쓴다.

冬夏酒

白米五斗, 百洗浸宿作末, 湯水五斗和合, 半生半熟待
冷, 麴末五升, 合釀. 第六日, 白米十斗, 百洗浸宿全
蒸, 和湯水十斗待冷, 前酒和釀. 經七日上槽, 須再倒
淸. 若味太苦, 則添水用之.

冬夏酒
白米五斗百洗浸宿作末湯水五斗和
合半生半熟
待冷麴末五升合釀第六日白米十斗百洗
浸宿全蒸和
湯水十斗待冷前酒和釀經七日上槽須再倒清
味太苦則添水用之

남경주

멥쌀 2말 5되를 깨끗이 씻어 하룻밤 물에 불렸다가 곱게 가루를 내고, 끓는 물 2말 5되로 죽을 만들어 차게 식힌다. 이것을 좋은 누룩 2되 5홉, 밀가루 1되와 섞어 독에 넣는다.

7일이 지나, 멥쌀 5말을 깨끗이 씻어 하룻밤 물에 불렸다가 완전히 찌고, 끓는 물 5말을 지에밥과 섞어 차게 식힌 다음, 먼저 빚은 술과 섞어 빚는다. 두이레(14일)가 지나 술을 거른다.(물은 시냇물을 쓴다.)

南京酒

白米二斗五升, 百洗浸宿細末, 湯水二斗五升, 作粥待冷, 好麴二升五合, 眞末一升, 和納甕. 隔七日, 白米五斗, 百洗浸宿全蒸, 湯水五斗, 和飯待冷, 前酒和釀. 經二七日上槽.(水用川流)

진상주

멥쌀 2되를 깨끗이 씻어 하룻밤 물에 불렸다가 곱게 가루를 내고, 죽을 만들어 차게 식힌다. 이것을 누룩가루 2되와 섞어 항아리에 넣는다.
겨울이면 7일, 봄가을이면 5일, 여름이면 3일이 지나, 찹쌀 1말을 깨끗이 씻어 쪄서 익혀 차게 식힌 다음, 먼저 빚은 술에 섞어 항아리에 넣는다.
7일 후에 쓴다.

進上酒

白米二升, 百洗浸宿細末, 作粥待冷, 麴末二升, 和納缸. 冬七日春秋五日夏三日, 粘米一斗, 百洗熟蒸待冷, 和前酒納缸. 七日後用之.

一、進上酒
白米二升百洗浸宿細末作粥待冷麴末二升和納
缸冬七日春秋五日夏三日粘米一斗百洗熟蒸待
冷和前酒納缸七日後用之

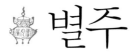 # 별주

멥쌀 3말을 깨끗이 씻어 하룻밤 물에 불렸다가 가루를 내고, 끓는 물 3말로 죽을 만들어 차게 식힌다. 이것을 좋은 누룩가루 6되와 섞어 독에 넣고 단단히 봉한다.
6일 후, 멥쌀 3말을 깨끗이 씻어 하룻밤 물에 불렸다가 가루를 내고, 앞의 방법대로 섞어 독에 넣는다.
또 6일 후, 멥쌀 2말, 찹쌀 1말을 깨끗이 씻어 하룻밤 물에 불렸다가 완전히 찌고, 누룩물을 더하지 않고 더운 김이 식기 전에 독에 잘 섞어 넣고 단단히 봉한다.
익으면 술을 거르는데, 그 맛이 달고 향기가 독하다.

別酒

白米三斗, 百洗浸宿作末, 湯水三斗, 作粥待冷, 好麴末六升, 和合納甕堅封. 六日後, 白米三斗, 百洗浸一宿作末, 如前法和納甕. 又六日後, 白米二斗, 粘米一斗, 百洗浸一宿全蒸, 無麴水不歇氣納甕, 和均堅封. 待熟上槽, 其味甘香冽.

一、別酒
白米三斗百洗浸宿作末湯水三斗作粥待冷好麴
末六升和合納甕堅封六日後白米三斗百洗浸一
宿作末如前法和納甕又六日後白米二斗粘米一
斗百洗浸一宿全蒸無麴水不歇氣納甕和均堅封
待熟上槽其味甘香冽

이화주

멥쌀 1말을 깨끗이 씻어 곱게 가루를 내고, 체로 거듭 쳐서 구멍떡을 만들어 푹 삶아서 잘게 부수고는 차게 식힌다. 누룩은 바깥 껍질을 깎아 버리고 곱게 가루를 내어 거듭 체로 쳐, 누룩 1되 3홉을 떡과 함께 힘껏 섞어 항아리에 넣고, 두꺼운 종이로 입구를 봉하고 공기가 빠지도록 작은 구멍을 낸다. 15일이면 쓸 수 있는데, 맛이 매우 달며 향기 또한 강하다. 냉수에 타서 마신다.

梨花酒

白米一斗, 百洗細末, 重篩作孔餅, 熟烹裂而待冷, 麴
削去外皮, 細末重篩, 一升三合和合, 極力均調入缸,
以厚紙封口, 作小孔出氣. 十五日當用, 味極甘, 香且
冽, 冷水和飮.

梨花酒
白米一斗百洗細末重篩作孔餅熟烹裂而待冷麴
削去外皮細末重篩一升三合和合極力均調入缸
以厚紙封口作小孔出氣十五日當用味極甘香且
冽冷水和飮

또 다른 이화주

멥쌀 1말을 깨끗이 씻어 가루를 내고, 고운 명주로 만든 체로 거듭 쳐서 죽을 만들어 차게 식힌다. 누룩은 곱디 곱게 거듭 체로 쳐서 1되 5홉을 섞어 항아리에 넣고 작은 공기 구멍을 낸다.
5~6일이 지나면 쓰는데, 맛이 매우 좋다.

又

白米一斗, 百洗作末, 重篩用細絹, 作粥待冷, 麴細細重篩, 一升五合, 和納缸, 小出氣. 五六日當用, 極味好.

又
白米一斗百洗作末重篩用細絹作粥待冷麴細細重篩一升五合和納缸小出氣五六日當用極味好

또 다른 벽향주 _{오천양법}

멥쌀 3말을 깨끗이 씻어 하룻밤 물에 불렸다가 건져내어 가루를 만든다. 물 1동이 반을 팔팔 끓여 죽을 만들어 매우 차게 식힌다. 이튿날 누룩가루 3되, 밀가루 4되와 함께 섞어 독에 넣는다. 7일째 되는 날, 멥쌀 8말을 깨끗이 씻어 하룻밤 물에 불렸다가 가루를 내고, 물 4동이를 팔팔 끓여 죽을 만들어 차게 식힌다. 다음 날 누룩 5되와 함께 먼저 빚은 술에 섞어 독에 넣는다.

다시 7일째 되는 날, 멥쌀 4말을 깨끗이 씻어 하룻밤 물에 불렸다가 완전히 쪄서 매우 차게 식힌 다음, 누룩을 더하지 않고 먼저 빚은 술에 섞어 독에 넣는다.

두이레(14일) 후에 술을 거른다.

又碧香酒 _{烏川釀法}

白米三斗, 百洗浸一宿, 拯出作末, 水一盆半, 沸湯作粥待極冷. 翌日麴末三升, 眞末四升, 和合納甕. 第七日, 白米八斗, 百洗浸宿作末, 水四盆, 沸湯作粥待冷, 翌日, 麴五升, 和前酒納瓮. 第七日, 白米四斗, 百洗浸宿, 全蒸待極冷, 無麴和前酒納甕. 二七日後上槽.

、又碧香酒 烏川釀法

白米三斗百洗浸一宿拯出作末水一盆半沸湯作粥待極冷翌日麴末三升眞末四升和合納甕第七日白米八斗百洗浸宿作末水四盆沸湯作粥待冷翌日麴五升和前酒納瓮第七日白米四斗百洗浸宿全蒸待極冷無麴和前酒納甕二七日後上槽

고리[·] 만드는 법 <small>오천가법</small>

7~8월에 적당량의 밀을 깨끗이 씻어 쪄서 익힌 다음,
양이 적으면 고리짝에 담고, 양이 많으면 시렁을 매단다.
시렁 위에 붉나무잎, 닥나무잎, 삼잎 등을 펴고 그 위에
돗자리를 깐다. 돗자리 위에 찐 밀을 펴고, 그 위에 앞의
나뭇잎들을 두껍게 덮는다.
10일이 지나, 밀을 꺼내 햇볕에 말리고 키질을 하여 저
장한다.
사용할 때를 맞추어 많이 만들어 저장해둔다.

作高里法 <small>烏川家法</small>

七八月, 眞麥任意多少, 淨洗熟蒸, 少則盛筥, 多則作
架. 架上鋪千金木葉楮葉麻葉, 次鋪草席, 席上鋪蒸
麥, 厚覆前件木葉. 過十日後, 出曝乾, 簁揚藏置. 趁
時多作藏之.

[·] 고리古里, 맥황麥黃 등으로 불리는 발효제. 조선시대에 식초를 제조할 때는 누룩과
유사한 역할을 하는 고리라는 발효제가 사용되었다.

作高里法

烏川家法

七八月眞麥任意多少淨洗熟蒸少則盛筥多則作
架架上鋪千金木葉楮葉麻葉次鋪草席〻上鋪蒸
麥厚覆前件木葉過十日後出曝乾簁揚藏置趁時
多作藏之

고리초 만드는 법 ^{오천가법}

햇살이 잘 드는 곳에 평평하고 반듯한 돌을 놓고, 먼저 그 위에 물이 새지 않는 독을 골라 올려놓는다. 여기에 놋소라籙盆와 질소라陶盆로 각각 1동이씩 물을 붓는다. 좋은 누룩 5되, 고리高里 5되를 독에 섞어 넣고, 그릇으로 뚜껑을 덮는다.

3일째 되는 날, 중미中米(깨끗이 도정하지 않은 쌀) 1말 1되를 깨끗이 씻어 물에 불렸다가, 한 차례 되게 쪄서 익혀 뜨거운 김이 식기 전에 시루째 들어 독에 붓는다. 청포靑布와 종이로 단단히 봉하고 그릇으로 또 뚜껑을 덮는다.

세이레(21일)가 지난 후에 쓸 수 있는데, 한 달 동안 잘 익히는 것이 더 좋다. 독 겉에 이불 포대를 만들어 두껍게 싸고, 식초를 다 먹을 때까지 그대로 싸둔다.

만약 3동이를 만들고 싶다면, 물은 질소라로 1동이, 놋소라로 2동이를 붓고, 좋은 누룩 7되 5홉, 고리 7되 5홉을 독에 섞어 넣는다. 3일째 되는 날, 중미 1말 7되를 앞의 방법대로 쪄서 익혀 독에 넣는다.

造高里醋法

鳥川家法

向陽處, 平正石板中, 先安擇不津缸坐置, 水鑰盆陶盆, 各一注入. 好麯五升, 高里五升納甕, 以器蓋之. 第三日, 中米一斗一升, 淨洗浸潤, 初度乾熟蒸, 持飯甑 不歇氣納甕. 靑布及紙堅封, 又以器蓋之, 經三七日用之. 然一朔方熟尤好. 甕面作衾厚覆, 待消盡用之. 若欲造三盆, 則水陶盆一鑰盆二注入, 好麯七升五合, 高里七升五合納甕. 第三日, 中米一斗七升, 如前法熟蒸納之.

造高里醋法　鳥川家法

向陽采處平正石枝中先安擇不津缸坐置水鑰盆
陶盆各一注入好麯五升高里五升納甕以罷蓋之
第三日中米一斗一升淨洗浸潤初度乾熟蒸持飯
甑不歇氣納甕靑布及紙堅封又以罷蓋之經三七
日用之然一朔方熟尤好甕面作衾厚覆待消盡用
之若欲造三盆則水陶盆一鑰盆二注入好麯七升
五合高里七升五合納甕第三日中米一斗七升如
前法熟蒸納之

🏺 사절초

병일丙日 새벽에 정화수 2말, 좋은 누룩 3되를 살짝 볶아 항아리에 섞어 넣는다. 정일丁日 날이 새기 전에 찹쌀 1말을 깨끗이 씻어 쪄서 익힌 다음, 뜨거운 김이 식기 전에 독에 넣고 복숭아나무 가지로 휘저어서 단단히 봉하고 양지바른 곳에 둔다.
세이레(21일) 뒤에 열어 쓴다.

四節醋

丙日曉頭, 井花水二斗, 好麴三升, 微炒和納缸. 至丁日未明, 粘米一斗, 百洗熟蒸, 不歇氣納甕, 桃枝攪之, 堅封置陽地. 三七日後開用.

四節醋
丙日曉頭井花水二斗好麴三升微炒和納缸至丁
日未明粘米一斗百洗熟蒸不歇氣納甕桃枝攪之
堅封置陽地三七日後開用

병정초 만드는 다른 방법

보리 3말을 깨끗이 씻어서 평소 술 빚는 방법대로 하여 술을 빚는다. 술이 익으면 병일丙日에 술을 걸러 항아리에 담는다. 정일丁日에 찹쌀 2말을 깨끗이 씻어 쪄서 익힌 다음, 뜨거운 김이 식기 전에 항아리에 담고, 입구를 단단히 봉하고는 이불로 두껍게 감싼다.

又丙丁醋

麥三斗淨洗, 如常釀造酒. 待熟, 丙日汁漉納缸. 丁日粘米二斗, 百洗熟蒸, 不歇氣納缸, 堅封厚圍.

又丙丁醋
麥三斗淨洗如常釀造酒待熟丙日汁漉納缸丁日粘米二斗百洗熟蒸不歇氣納缸堅封厚圍

창포초

창포의 흰 줄기나 뿌리를 3되가량 잘게 썬다. 쌀 3되를 가루로 만들어 구멍떡을 만든다. 이것을 좋은 누룩 3되와 섞어 항아리 바닥에 깔아둔다. 곰팡이가 피면 청주나 탁주 1동이를 항아리에 부어 넣는다. 두이레(21일)가 지나 쓴다.

菖蒲醋

菖蒲白莖或根, 細切三升, 米三升作末, 作孔餠, 好麴三升, 和合付缸底. 待生毛, 清濁中酒一盆瀉入缸. 二七日後用之.

菖蒲醋
菖蒲白莖或根細切三升米三升作末作孔餠好麴
三升和合付缸底待生毛清濁中酒一盆瀉入缸二
七日後用之

목통초

목통木通(으름) 30근, 물 3동이, 소금 4소악小握(작은 움큼)을 섞어 독에
넣는다.
따뜻한 곳에 두면 3일이면 쓸 수 있다.

木通醋

木通三十斤, 水三盆, 鹽四小握, 和納甕. 置溫處則三日用之.

木通三十斤水三盆鹽四小握和納甕置溫處則三日用之

청교침채법

순무蔓菁를 깨끗이 씻어 대발 위에 펴고, 싸락눈 내린 듯 소금을 뿌린다. 잠시 뒤 다시 씻어 앞에서와 같이 소금을 뿌리고, 순무가 보이지 않도록 향초香草로 덮는다.

3일이 지나, 3~4치 길이로 잘라 독에 넣는다. 큰 독이면 소금 2되, 작은 독이면 소금 1되를 끓였다 반쯤 식힌 찬물과 섞어 붓는다. 익으면 쓴다.

靑郊沈菜法

蔓菁極洗, 簾上鋪置, 下鹽如微雪. 須臾更洗, 如前下鹽, 勿令殘菜, 香草蓋之. 經三日, 切三四寸許納甕. 大甕則鹽二升, 小甕則鹽一升, 半熟冷水和注, 待熟用.

靑郊沈菜法

蔓菁極洗簾上鋪置下鹽如微雪須臾更洗如前下鹽勿令殘菜香草蓋之經三日切三四寸許納甕大甕則鹽二升小甕則鹽一升半熟冷水和注待熟用

배추 절이기

늦게 심은 메밀의 아직 결실되지
않은 연한 줄기도 거두어 이와 같은
방법으로 할 수 있다

백채白菜(배추) 한 동이를 깨끗이 씻어, 소금 3홉씩을 뿌려 하룻밤 재
웠다가 다시 씻어 앞에서와 같이 소금을 뿌려 독에 담고, 배추가 보이
지 않도록 물을 붓는다. 다른 채소와 같은 요령이다.

沈白菜 木麥晚種, 未及結實者, 軟莖採取, 亦如此法

白菜淨洗一盆, 鹽三合式下之, 經一宿更洗, 下鹽如前納甕, 注水勿令殘菜. 與他菜同.

고운대＊ 김치

토란 줄기 1말가량을 가늘게 썰어 소금 1소악小握씩 뿌려 독에 섞어 담는다. 매일 손으로 눌러주면 점차 줄어드니, 다른 그릇에 담은 것도 옮겨 담는다. 익을 때까지 이렇게 한다.

土卵莖沈造

芋莖細剉一斗, 鹽小一握式, 和合納甕. 每日以手壓之則漸小, 入他器者移納, 以熟爲限.

●
토란 줄기

土卵莖沈造

芋莖細剉一斗鹽小一握式和合納甕每日以手壓之則漸小入他器者移納以熟爲限

즙저

가지를 따서 씻고, 간장[醬]과 기울[麩火]과 소금 약간을 함께 섞어 항아리에 넣는다. 담을 때에는 먼저 장[醬]을 깔고 다음에 가지를 펴는데, 항아리가 가득 찰 때까지 똑같이 한다. 입구를 봉하고 사발로 뚜껑을 덮고는 진흙을 발라 말똥[馬糞] 속에 묻는다.
5일이 지나 익으면 쓰는데, 덜 익었으면 다시 묻었다가 익은 뒤에 쓴다.

汁葅

茄子摘取洗之, 甘醬只火鹽小許, 幷交合缸內. 先鋪醬, 次鋪茄子, 以滿爲限. 堅封蓋以沙鉢, 泥塗埋馬糞. 待五日, 熟則用之, 未熟則還埋, 待熟用之.

汁葅
茄子摘取洗之甘醬只火鹽小許幷交合缸內先鋪醬次鋪茄子以滿爲限堅封蓋以沙鉢泥塗埋馬糞待五日熟則用之未熟則還埋待熟用之

즙장 만들기

콩太 4말, 밀기울 8말로 만든다. 먼저 콩을 물에 담가 4~5일 뒤에 건져내어, 밀기울과 함께 섞어 곱게 찧는다. 이것을 손으로 쥐어 메줏덩어리처럼 만들고, 쪄서 익혀 김을 뺀다. 붉나무잎이나 닥나무잎으로 두껍게 싸서 따뜻한 곳에 둔다.

6~7일 지나, 덩어리를 부수어 햇볕에 말려 가루를 내고, 가루 1말에 소금 2되씩 섞어 가지가 잠기도록 독에 담아 앞에서와 같이 말똥 속에 묻는다.(밀과 콩을 같은 양으로 완전히 찌고, 함께 찧어 손으로 쥐어 메주처럼 만들어도 된다.)

造汁

太四斗, 眞麥只火八斗. 太先沈水, 四五日拯出, 二物交合爛搗, 如末醬握造, 熟蒸歇氣, 千金木葉楮葉中, 厚裹置溫處. 經六七日, 劈碎陽乾作末, 一斗鹽二升, 以藏茄子爲限納甕, 如前埋之.(眞麥太等分全蒸, 合搗握造亦可.)

🏺 동아를 절여
오래 보관하는 법

동아를 크게 썰어 소금에 절여 저장하고, 사용할 때마다 짠맛을 우려
내고 쓰는데, 지지거나 굽거나 임의로 사용한다.

沈東瓜久藏法

東瓜大切, 著鹽藏之, 用時退鹽, 或炙或炮, 任意
用之.

동아를 절여 오래 보관하는 법

과저

7, 8월에 가지나 오이를 물로 씻지 않고 행주로 닦는다. 소금 3되와 물 3동이를 1동이가 되도록 졸여서 차게 식힌다. 오이를 독에 넣으면서 할미꽃 잎과 줄기를 오이와 켜켜이 넣는다. 앞서 준비한 물을 오이가 잠기도록 붓고 돌로 눌러둔다.

苽葅

七八月茄苽不洗, 以行子拭之. 鹽三升, 水三盆, 煎至一盆待冷, 瓜納瓮, 白頭翁莖葉, 相間納之, 注前水苽, 沈水爲限, 以石鎭之.

苽葅

七八月茄苽不洗以行子拭之鹽三升水三盆煎至一盆待冷瓜納瓮白頭翁莖葉相間納之注前水苽沈水爲限以石鎭之

또 다른 과저

7, 8월에 늙지 않은 오이를 따서 깨끗이 씻은 다음 수건으로 닦아 물기를 없애고 독에 넣는다. 소금물 농도를 적절히 맞추어 한 번 끓여서 붓는다. 할미꽃과 산초를 오이와 켜켜이 섞어 담으면 오이김치가 물러지지 않으며 맛이 달다.

又

七八月, 不老苽摘取, 淨洗拭巾, 令無水氣納瓮. 鹽水鹹淡適中, 湯一沸注下. 白頭翁山椒, 與瓜交納, 則葅不爛而味甘.

又

七八月不老苽摘取淨洗拭巾令無水氣納瓮鹽水鹹淡適中湯一沸注下白頭翁山椒與瓜交納則葅不爛而味甘

수과저

8월에 오이를 따서 깨끗이 씻어 햇볕에 말려 물기를 없앤다. 할미꽃을
박초朴草*로 하고 산초와 오이를 켜켜이 섞어 독에 넣는다. 오이 1동이
를 담그려면 물 1동이를 팔팔 끓여 소금 3되를 섞어 붓는다.
익을 때 독 윗면에 거품이 일면 거품이 일지 않을 때까지 매일 정화
수를 부어내린다. 이렇게 하면 맛이 매우 좋고, 김칫국물이 독 밑까지
수정처럼 맑아진다.

●
짚이나 수숫잎처럼 길고 섬유질이
많은 풀 등을 엮거나 또아리같이
말아, 독 안에 담긴 것 위를 누르
거나 그 사이에 박아 넣는 것.

水菹菹

八月摘甫籠茈, 淨洗曬乾, 令無水氣. 白頭翁於朴草,
山椒與茈交納瓮. 茈一盆, 沸湯水一盆, 鹽三升和注.
熟時泡上瓮面, 井花水日日瀉下, 以無泡爲度. 如此則
味極好, 菹水到底淸如水晶.

노과저

늙은 오이를 따서 반으로 갈라 숟가락으로 속을 긁어내고 잘게 자른다. 소금을 약간 뿌려두었다가 이튿날 다시 꺼내어 독 안의 물기를 닦아내고 소금을 많이 뿌린 다음, 산초와 오이를 켜켜이 독에 넣는다. 겉물을 따로 붓지 않아도 저절로 물이 생기는데, 이렇게 하면 1년이 되어도 맛이 변하지 않는다. 할미꽃으로 독 입구를 막고 돌로 눌러둔다.

대체로 오이김치는 박초를 엮어 독 입구를 막고 대부분 돌로 눌러둔다.

老苽葅

老苽摘取分剖, 以匙刮去內, 細切. 下鹽小許, 翌日還出, 去瓮內水, 多下鹽, 山椒交納瓮, 不注客水, 亦出自然水, 如此則雖周一朞, 亦不敗味, 以白頭翁防瓮口, 以石重鎭之. 大抵瓜葅, 編於朴草防口, 多以石壓之.

老苽葅

老苽摘取分剖以匙刮去內細切下鹽小許翌日還出去瓮內水多下鹽山椒交納瓮不注客水亦出自然水如此則雖周一朞亦不敗味以白頭翁防瓮口以石重鎭之大抵瓜葅編於朴草防口多以石壓之

치저

꿩과 과저는 날오이로 김치를 담글 때처럼 썰고, 생강은 가늘게 썬다.
과저는 물에 담가 소금기를 우려내고, 앞의 세 가지를 섞어둔다. 간장
에 물을 타서 무쇠그릇에 넣고 끓인 다음, 참기름을 몇 방울 떨어뜨
린다. 여기에 위의 세 가지 재료와 씨를 발라낸 천초川椒(산초) 약간을
함께 넣으면, 잠깐 사이에 먹을 수 있다. 또 안주로 써도 좋다.

雉菹

生雉瓜菹, 如新瓜造菹樣切之, 生薑細切. 瓜菹沈水去醎氣, 前件三物交合. 艮醬和水, 鐵器煮之, 下眞油小許, 三物及川椒去核少許幷入, 蹔妙用之. 且用以安酒亦好.

雉菹
生雉瓜菹如新瓜造菹樣切之生薑細切瓜菹沈水
去醎氣前件三物交合艮醬和水鐵器煮之下眞油
小許三物及川椒去核小許幷入蹔妙用之且用以
安酒亦好

납조저

납일臘日[●]에 술지게미를 소금과 섞어 독에 넣고 입구를 진흙으로 봉한다. 여름이 되어 가지나 오이를 따서 물기가 없도록 행주로 닦아 술지게미 독에 깊이 박아둔다. 익은 다음에 먹는데, 물기가 있으면 벌레가 생긴다. 납일이 아니더라도 이달을 넘기지 않으면 담글 수 있다.(가지와 오이는 반드시 동자童子를 시켜 햇볕에 말린 것을 써야 좋다.)

●
동지 뒤 세 번째 미일未日을 가리키며, 납평臘平, 가평嘉平, 가평절嘉平節, 납향일臘享日 등으로도 부른다.

臘糟葅

臘日, 酒滓交鹽納瓮, 泥塗瓮口. 待夏月, 茄瓜摘取,
拭巾令無水氣, 深挿糟缸. 待熟用之, 有水氣則生虫.
雖非臘日, 不出是月可也.(茄瓜, 須用童子曝陽爲妙.)

생가지 저장법

8월 말이나 9월 초에 생가지를 따되, 손을 대서 가지에 상처가 나지 않도록 꼭지가 달린 채로 딴다. 참 무眞菁根 큰 것을 골라 머리에 3~4개의 구멍을 뚫고 여기에 가지의 꼭지를 꽂아둔다. 양지바른 곳에 토굴을 파고 토굴 안에 그 무를 심어 찬 공기와 닿지 않도록 하면 겨울이 지나도 새로 딴 가지처럼 싱싱하다.

藏生茄子

八月晦九月初, 生茄子不犯手, 令不傷茄子身, 其蔕摘取. 眞菁根擇大, 穴其頭三四處, 揷茄蔕. 陽地造土室, 土室內其菁根種之, 不觸寒氣, 則雖過冬正如新摘.

藏生茄子

八月晦九月初生茄子不犯手令不傷茄子身其蔕
摘取眞菁根擇大穴其頭三四處揷茄蔕陽地造土
室土室內其菁根種之不觸寒氣則雖過冬正如新
摘

소평邵平 의
오이 파종법

3월에 살구꽃이 필 무렵, 깊이 반 자尺가량의 구덩이를 파고 인분人糞 반 되를 오줌과 재에 섞어 구덩이에 넣는다. 1치 두께로 흙을 덮고, 그 위에 오이씨 10여 개를 줄지어놓고는 다시 흙을 1치가량 덮는다. 가지씨 심는 방법도 이와 동일하다.

오이씨 심기는 3월 1일과 10일, 4월 1일과 11일, 5월 1일과 11일, 6월 1일이 좋고, 이후로는 심지 말라.

邵平種瓜法

當三月杏花開時, 掘土深半尺, 人屎半升, 交尿灰納掘穴, 蓋土厚一寸, 瓜種十餘粒列置, 蓋土亦厚一寸許. 茄子種法亦同. 種瓜三月一日十日四月一日十一日五月一日十一日六月一日, 此後勿種.

소평召平이라고도 한다. 진秦나라 광릉廣陵 사람으로 동릉후東陵侯에 봉해졌다. 진나라가 망한 뒤 포의布衣로 장안성長安城 동쪽에 살면서 오이를 심어 생업으로 삼았는데, 그 맛이 좋아 소평과召平瓜 또는 동릉과東陵瓜로 불렸다.

邵平種瓜法
當三月杏花開時掘土深半尺人屎半升交尿灰納
掘穴蓋土厚一寸瓜種十餘粒列置蓋土亦厚一寸
許茄子種法亦同種瓜三月一日十日四月一日十
一日五月一日十一日六月一日此後勿種

생강심기

2월에 밭을 갈고 거름을 펼쳐 깐 다음 비를 맞힌다.

3월에 다시 밭을 갈되, 가로세로로 일곱 번을 반복한다. 밭두둑에 1자마다 생강을 1알씩 심고서 흙을 두껍게 덮고, 또 말똥을 매우 두껍게 덮는다.

6월이 되면 갈대발을 만들어 덮어주어야 하니, 생강이 추위와 더위를 견디지 못하기 때문이다. 밭을 자주 매어주는 것이 좋고, 5~6월에 줄기가 무성해지면 비가 내리는 사이에 거름을 펴주고, 산침향山沈香(정향나무)나무나 연한 버들가지도 거칠게 썰어 밭두둑 위에 펴준다.

7월에 생강이 무성해져 뿌리가 노출되면 흙을 곱게 체로 쳐서 덮어주며, 누에똥을 거름으로 주어도 된다.

9월에 서리가 내리기 전에 거두는데, 먼저 굴뚝 근처에 움을 파고 진흙으로 사방을 발라 말린 다음 불을 지펴서 더 말려 습기가 나오지 않게 한다. 모래가 섞이지 않은 붉은 흙을 채취하여 햇볕에 말려 움 바닥에 깐다. 생강은 사방 벽에 닿지 말아야 하고, 또 생강끼리도 닿지 않도록 해야 한다. 흙과 생강을 다 펴고 나면, 생강 위에 3~4치 두께로 흙을 덮은 다음 그 위에 판자를 덮고 네 귀퉁이를 진흙으로 바른다. 판자에 구멍을 뚫어 공기가 통하도록 하여 김이 서리지 않게 한다.

한낮에 해가 솟았을 때 꺼내 쓴다. 중춘仲春에 햇살이 따스할 때, 생강을 꺼내 좋고 나쁜 것을 가려서 다시 묻어주는 것이 좋다.

種薑

二月耕田, 布糞經雨, 三月又耕, 縱橫七遍. 尋畦下薑, 一尺一科覆土厚, 又布馬糞極厚. 值六月, 作葦箔覆之, 性不耐寒熱故也. 鋤不厭煩, 五六月, 莖菜方盛, 冒雨布糞, 山沈香菜及柳柔枝蘺剉, 亦布畦上. 七月茂盛露根, 籭細土蓋之, 蠶沙亦可糞. 九月霜前採之, 先於近埃處作窖, 泥塗四方, 待乾, 爇火復乾, 不使生濕. 取無沙赤土, 曝乾鋪窖, 列薑不觸四旁, 亦不觸友. 鋪土薑訖, 上覆土厚三四寸, 蓋以板, 泥塗四隅. 穿穴板中令通氣, 烟氣不鬱. 正午陽暾時出用. 至仲春日暄時, 出檢善惡, 復埋爲良.

二月耕田布糞經雨三月又耕縱橫七遍尋畦下薑一尺一科覆土厚又布馬糞極厚值六月作葦箔覆之性不耐寒熱故也鋤不厭煩五六月莖菜方盛冒雨布糞山沈香菜及柳柔枝蘺剉亦布畦上七月茂盛露根籭細土蓋之蠶沙亦可糞九月霜前採之先於近埃處作窖泥塗四方待乾爇火復乾不使生濕取無沙赤土曝乾鋪窖列薑不觸四旁亦不觸友鋪土薑訖上覆土厚三四寸蓋以板泥塗四隅穿穴板中令通氣烟氣不鬱正午陽暾時出用至仲春日暄時出檢善惡復埋爲良

배추 심기

입추 후 유일酉日에 파종하는데, 구리나 쇠붙이에 닿지 않게 하며, 간격을 넓게 심는 것이 좋다.

種白菜

立秋後酉日, 不犯銅鐵, 疎種爲佳.

種白菜

立秋後酉日 不犯銅鐵 疎種爲佳

참외 심기

2월 그믐에서 3월 초에 배꽃이 피고 잎이 막 펴지기 시작할 때, 오줌과 재를 사토沙土에 섞어준다. 밭은 깊게 갈아 흙덩어리를 부숴주고, 두세 걸음마다 씨앗을 심으면 단오端午에 익은 것을 볼 수 있다.

種眞瓜

二月晦三月初, 梨花與葉纔廣, 尿和灰向沙土交雜. 田深耕除塊, 二三足迹落種, 則端午見熟.

種眞瓜 二月晦三月初 梨花與葉纔廣尿和灰向沙土交雜 田深耕除塊 二三足迹落種則端午見熟

연근 심기

연근을 채취하여 흙과 섞어서 섬거적에 담아 연못 안에 드문드문 놓아둔다. 그러나 연씨를 심어 이듬해에 꽃이 피는 것보다 못하다.

種蓮

採蓮根, 與土交雜盛石, 疎置池中. 然莫若種實, 明年開花.

種蓮
採蓮根與土交雜盛石踈置池中然莫若種實明年開花

어식해법

천어川魚(냇물에 사는 물고기)의 배를 갈라 깨끗이 씻어, 1말당 소금 5홉
씩 뿌린다. 3시간 동안 재웠다가 다시 씻어서 앞의 방법대로 소금에
절인다. 이것을 포대布袋에 담아 판자 사이에 끼워놓고 돌로 눌러 물기
를 뺀다.

멥쌀 4되로 진밥을 짓고, 소금 2홉과 밀가루 2홉을 같이 섞어 항아리
에 담는다. 채워지지 않은 곳은 도토리나무의 마른 잎을 듬뿍 채우고
작은 돌로 누른 다음 물을 가득 채운다. 생도토리나뭇잎을 쓰면 맛
이 시큼해지므로 반드시 마른 잎을 써야 한다.

쓸 때에는 먼저 부었던 물을 따라낸 다음
에 내어 쓰고, 그런 뒤에는 앞서와
같이 다시 나뭇잎을 덮고 돌로
누른 뒤 따라낸 물을 다시
붓는다. 동아를 옷의 단
추 모양으로 썰어, 소금
에 절여 물기를 빼고
함께 담아도 좋다.

魚食醢法

川魚剔腹淨洗, 每一斗著鹽五合, 沈宿經三時, 更洗沈鹽如前. 盛布帒, 俠之板, 以石壓之, 去水氣. 白米四升, 濃作飯, 鹽二合, 眞末二合, 和納缸. 未盈以橡實木枯葉多布之, 小石片鎭之, 滿注水. 生橡實葉, 則醢味酸, 須用乾葉. 出用時, 先注水出之, 如前還布鎭, 注前水. 冬瓜切如衣紐, 沈鹽去水, 幷沈亦妙.

배 저장법

(가지가 붙은 채로) 손상되지 않은 큰 배를 따서, 속이 비지 않은 큰 무에 배나무 가지째 꽂아 종이에 싸서 따뜻한 곳에 두면 봄이 한창일 때까지도 썩지 않는다. 감귤도 이렇게 저장할 수 있다.

藏梨

擇不損大梨, 取不空心大蘿蔔, 挿梨枝, 紙裏置暖處, 候至春深不朽. 柑橘亦可依此法藏之.

藏梨
擇不損大梨取不空心
大蘿蔔挿梨枝紙裏置暖
候至春深不朽柑橘亦可依此法藏之

무 절이기

서리가 내린 후, 당나복唐蘿蔔의 줄기와 잎을 따버리거나 연한 줄기와
잎은 남겨두고 흙을 씻어낸다. 돌로 잔뿌리를 문질러 없앤 다음 다시
깨끗이 씻는다. 무 1동이마다 소금 2되를 뿌려 하룻밤 재웠다가 소금
기를 씻어버리고, 하룻밤 물에 담가둔다. 무를 건져내 대발 위에 널어
물기를 없앤 다음 독에 넣는다. 무 1동이마다 소금 1되 5홉씩을 물에
녹여 그득 붓고, 얼지 않는 곳에 두었다가 쓴다.(만약 싱거우면, 무 1동
이당 소금 2되씩을 물에 녹여 붓는다.)

沈蘿蔔

唐蘿蔔, 經霜後去莖葉, 或存軟莖葉, 洗去土, 以石磨去根鬚, 更淨洗. 蘿蔔一盆, 着鹽二升, 經宿洗去鹽氣, 浸水一夜. 拯出鋪箔, 去水納甕. 蘿蔔一盆, 鹽一升五合式, 和水滿注, 置不凍處用之.(若小鹽氣, 一盆鹽二升式, 和水注下.)

沈蘿蔔
唐蘿蔔經霜後去莖葉或存軟莖葉洗去土以石磨去根鬚更淨洗蘿蔔一盆着鹽二升經宿洗去鹽氣浸水一夜拯出鋪箔去水納甕蘿蔔一盆鹽一升五合式和水滿注置不凍處用之若小鹽氣一盆鹽二升式和水注下

파김치

파를 깨끗이 씻어 거친 껍질은 벗기고 뿌리는 그대로 둔 채 독에 담
는다. 손으로 골고루 눌러주며 물을 가득 채우되, 이틀에 한 번씩 물
을 갈아준다.

여름에는 3일, 가을에는 4~5일 지나 매운 기가 가시면 다시 꺼내어
씻어주고, 눈이 내리듯이 소금을 뿌려준다. 파 한 겹, 소금 한 겹으로
켜켜이 독에 담고 약간 짠 소금물을 만들어 독 가득히 채운다. 박초
로 독 입구를 채우고 돌로 눌러두었다가 익은 뒤에 쓴다.(쓸 때 껍질과
뿌리를 떼어버리면 그 빛깔이 희고 좋다.)

葱沈菜

葱淨洗去麤皮, 不去鬚納瓮, 勻*推壓滿注水, 二日一
改水. 夏待三日, 秋待四五日, 無冽氣爲限, 還出更洗,
着鹽如灑雪. 葱一件, 鹽一件納瓮, 作鹽水蹔醎滿注.
於朴草擁閉甕口, 以石鎭之, 待熟用之.(用時去皮鬚,
其色白好.)

●

원전에는 勿로 되어 있으나, 필사상의 오류로 보인다.

葱沈菜
葱淨洗去麤皮石去鬚納瓮勿推壓滿注水二日一
改水夏待三日秋待四五無冽氣爲限還出更洗
着鹽如灑雪葱一件鹽一件納瓮作鹽水蹔醎滿注
於朴草擁閉甕口以石鎭之待熟用之 用時去皮鬚
其色白好

동치미

정월과 이월 사이에 참무眞菁根를 깨끗이 씻어 껍질을 벗기고, 큰 것은 쪼개어 조각으로 만들어서 독에 담는다. 깨끗한 물에 소금을 조금 넣고 팔팔 끓여서 차게 식힌다. 무 1동이마다 이 물 3동이씩 부어두었다가 익은 뒤에 쓴다.

土邑沈菜

正二月, 眞菁根淨洗削皮, 大則剖作片納瓮. 淨水鹽小許, 沸湯待冷, 菁一盆則水三盆注之, 待熟用之.

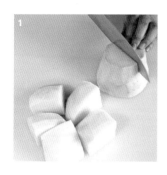

土邑沈菜
正二月眞菁根淨洗削皮大則剖作片納瓮淨水鹽
小許沸湯待冷菁一盆則水三盆注之待熟用之

 # 동아정과

동아東瓜를 적당한 크기로 잘라 방분蚄粉(조개껍질을 태운 가루)에 섞어
하룻밤 재웠다가 깨끗이 씻어 잿가루를 없앤다.
동아에 청밀淸蜜을 넣어 졸이다가 꿀의 단맛이 없어지면 그것을 덜어
내고, 다시 전밀全蜜을 넣어 졸인다. 후춧가루를 뿌려 항아리에 넣어
두면 오래 지나도 새로 만든 것 같다.

東瓜正果

東苽任意作片, 和蚄粉, 一宿淨洗, 盡去灰氣. 和淸蜜沸煎, 則其蜜無味去之, 更和全蜜沸煎. 下胡椒末納缸, 經久如新.

東瓜正果
東苽任意作片和蚄粉一宿淨洗盡去灰氣和淸蜜
沸煎則其蜜無味去之更和全蜜沸煎下胡椒末納
缸經久如新

🫖 두부

콩 1말을 맷돌로 타서 껍질을 없애고, 또 녹두 1되를 따로 타서 껍질을 없앤다. 물에 담가 불린 다음 천천히 곱게 갈아 고운 베자루에 넣고 찌꺼기가 없도록 정갈하게 거른다. 다시 걸러 솥에 붓고 끓이다가, 거품이 넘치면 깨끗한 냉수를 솥 가장자리에 조금씩 붓는다. 대체로 세 번 넘쳐 세 번 찬물을 부어주면 익는다.

콩이 익으면 두꺼운 섬거적石皮을 물에 적셔 불 위를 덮어 불기운을 차단하고, 염수鹽水와 냉수를 섞어 심심하게 해서 천천히 부어 넣는다. 조급한 마음이 들면 두부가 단단해져서 좋지 않으므로 천천히 부어 넣어야 한다. 두부가 엉기면 베보자기에 싸고 그 위를 고르게 눌러준다.

取泡

太一斗, 磨破去皮, 又綠豆一升, 別磨去皮. 沈水待潤, 緩緩細磨, 細布帒漉之, 須精去滓. 更漉之入釜沸之, 若溢則以冷淨水, 從釜邊蹔下, 凡三溢三點水, 則熟矣. 以厚石皮濕之, 覆火上絶火氣, 鹽水和冷水至淡, 緩緩入之. 若有忙心, 則泡堅不好, 徐徐入之. 待凝裹袱, 勻●鎮其上.

●
원전에는 勿로 되어 있으나, 필사상의 오류로 보인다.

타락

유방이 좋은 암소를 송아지에게 젖을 빨게 하여 우유가 나오기 시작
하면, 유방을 깨끗이 씻고 우유를 받는다. 많으면 1사발, 적으면 반 사
발쯤 되는 우유를 세 차례 체로 거른 다음 죽을 끓인다. 끓여 익힌
숙타락熟駝酪을 오지항아리에 담고, 본타락本駝酪을 작은 종지 하나만
큼 섞어 따뜻한 곳에 두고 두껍게 이불을 감싸준다. 밤중에 나무막대
를 꽂아서 누런 물이 솟아나면 그 항아리를 시원한 곳으로 옮겨 둔
다. 만약 본타락이 없으면 좋은 탁주를 중바리中鍾 하나가량 넣어도
된다.(본타락을 넣을 때, 좋은 식초를 조금 같이 넣어주면 매우 좋다.)

駝駱

雌牛乳好者, 令犢飲之, 乳汁開出, 洗乳取之. 多則一沙鉢, 少則半鉢餘, 經篩三度, 和作粥. 若熟駝駱, 則沸湯盛沙缸, 納本駝駱一小盞和之, 置溫處厚裹. 至夜半, 以木挿之, 黃水湧出, 則置其器於涼處. 若無本駝駱, 則好濁酒一中鍾亦可.(本駝駱入時, 好醋小許幷入甚良.)

駝駱
雌牛乳好者令犢飲之乳汁開出洗乳取之多則一沙鉢少則半鉢餘經篩三度和作粥若熟駝駱則沸湯盛沙缸納本駝駱一小盞和之置溫處厚裹至夜半以木挿之黃水湧出則置其器於涼處若無本駝駱則好濁酒一中鍾亦可本駝駱入時好醋小許幷入甚良

엿 만들기 <small>현재 엿도가에서 사용하는 좋은 방법</small>

중미中米 1말을 깨끗이 씻어 푹 쪄서 밥을 짓고, 뜨거울 때 항아리에 담는다. 그런 다음 즉시 그 솥에 깨끗한 물 10사발을 넣고 팔팔 끓여서 밥에 붓는다.

가을보리로 만든 엿기름 1되를 곱게 가루를 내어 냉수와 섞어 그 항아리에 붓고, 나무막대로 고루 저어서 온돌방에 놓고는 옷가지로 두껍게 감싼다. 두 번 밥 지을 시간이 지나, 항아리에 단맛이 돌면 잘된 것이고, 약간 시큼하면 잘못된 것이니, 이는 너무 오래 싸두었기 때문이다.

적당한 때에 베로 그 즙을 짜서 솥에 붓고, 은근한 불로 졸이면서 자주 저어준다. 젓지 않으면 솥 밑바닥이 눌어붙는다.

빛깔이 황홍색이 되면, 밀가루를 소반 위에 펴고 그 위에 엿을 쏟는다. 굳어진 다음 길게 늘이되, 흰색이 될 때까지 잡아당긴다.

飴餹 今飴家所用良法

中米一斗, 淨洗爛作飯, 乘熱盛缸. 卽於炊飯鼎, 淨水十鉢, 沸湯注其飯. 秋麴蘗細末一升, 冷水和之, 瀉其缸, 以木均攪之, 置溫堗以襦衣厚裹. 待二炊飯頃, 嘗其味甘則爲上, 稍酸則爲下, 久裹置故也. 須酌宜以布絞取汁寫鼎, 以微火煎之, 數攪之, 不攪則煎付鼎底. 色黃紅, 則用眞末布盤上, 寫其上, 待凝引之, 色白爲限.

즙저 만드는 다른 방법

간장 1말, 메주 1말, 기울其火 8되, 소금 1되 1홉을 섞어 항아리 바닥에 넣는다. 먼저 즙장汁醬을 펴고, 그다음에 가지나 오이를 펴고, 또 즙장을 펴는 식으로 가지나 오이가 드러나지 않을 때까지 넣는다. 이것을 말똥에 묻어두었다가 5일이 지나 꺼내 보아, 익지 않았으면 다시 이틀을 더 묻어두었다가 익은 뒤에 쓴다.

汁葅又法

甘醬一斗, 末醬一斗, 其火八升, 鹽一升一合, 交合缸底. 先鋪汁, 次鋪茄苽, 又鋪汁, 藏茄苽身爲限. 埋馬糞, 五日出見, 不熟則更埋二日, 待熟用之.

汁葅又法
甘醬一斗末醬一斗其火八升盐一升一合交合缸
底先鋪汁次鋪茄苽又鋪汁藏茄苽身爲限埋馬糞
五日出見不熟勿更埋二日待熟用之

콩장 만드는 법

누런 콩黃豆 3말을 깨끗이 씻어 물 3동이와 함께 삶는다. 물이 1동이로 줄어들면 콩은 적당한 때를 보아 건져낸다. 좋은 간장 3사발을 솥에 붓고 다시 서너 번 끓어오르도록 졸인다. 맛이 싱거우면 소금 1되를 물에 녹여 적절히 간을 맞춰 솥에 부어주고, 물이 새지 않는 항아리에 넣어두고 쓴다.
콩은 기름과 소금물을 넣고 끓여서 밥을 먹을 때 함께 먹는다.

造醬法

黃豆三斗淨洗, 水三盆同煮, 至一盆, 太量宜除出. 好艮醬三沙鉢, 注釜更煮, 至三四沸. 味淡則鹽一升, 以適爲度, 和水注, 納不津缸用之. 太則和油鹽水煮之, 飯時喫之.

造醬法
黃豆三斗淨洗水三盆同煮至一盆太量宜除出好
艮醬三沙鉢注釜更煮至三四沸味淡以鹽一升以
適爲度和水注納不津缸用之太公和油鹽水煮
飯時喫之

또 다른 콩장 만드는 방법

누런 콩 5되를 깨끗이 씻어 물 3동이와 함께 졸인다. 물이 1동이로 줄어들면 간장 1사발을 위와 같은 요령으로 첨가한다. 그 맛이 매우 달다.

又

黃豆五升淨洗, 水三盆同煎, 至一盆, 添艮醬一沙鉢
如上法, 其味甚甘.

又
黃豆五升淨洗水三盆同煎至一盆添艮醬一沙鉢
如上法其味甚甘

또 다른 콩장 만드는 방법

메주 2말, 물 1동이 반, 소금 2되를 섞어 독에 담고 3일 동안 고르게 불린다. 독 입구를 단단히 봉하고 또 진흙을 바른 다음, 왕겨(稻皮)로 독을 두껍게 감싸고 3일 동안 불로 달인다. 만약 빛깔과 맛이 연하면 하루 더 달이는데, 너무 오래 불리면 간장이 탁해진다.

이 방법은 여름에 구더기가 생기기 쉬우므로 반드시 단단히 감싸놓고 써야 한다. 위의 방법도 이와 같이 해야 한다.

又

末醬二斗, 水一盆半, 鹽二升, 和納甕三日, 以均潤爲限.
堅封瓮口, 又以泥塗之, 厚圍稻皮, 煎熬三日. 若色味淡,
則加熬一日, 且潤過, 則艮醬濁. 此法夏月, 則易生虫蛆,
須堅裹用之. 上法亦同.

청근장

무 겉껍질을 벗겨 깨끗이 씻어 1동이가량을 무르게 삶고, 곱게 가루
낸 메주 1말과 소금 1말을 함께 섞고 찧어서 독에 넣는다. 손가락 굵
기의 버드나무 가지로 독 밑바닥까지 10여 개의 구멍을 뚫어둔다. 소
금 1되, 물 1사발을 섞어 끓여 차게 식혔다가 부어준다. 익은 다음 쓰
는데, 그 맛이 엿처럼 달다.(무를 통째로 무르게 삶아 메주와 섞어 평소
의 방법대로 담근다. 익은 다음 갈아서 메주를 만들어도 좋으니, 이 방법
이 더 낫다.)
매월 초8일과 23일에 만들면 구더기가 생기지 않는다.(만평정성수개일
滿平正成收開日*에 하는 것이 좋다.)

운수가 길한 날을 가리킨다. 고대
점술가들은 그날그날의 길흉을 하
늘의 십이진十二辰에 대응시켜 판
단했는데, 천상天象의 십이진을 인
사人事의 건建, 제除, 만滿, 평平,
정定, 집執, 파破, 위危, 성成, 수
收, 개開, 폐閉의 열두 가지 상황
에 대응시켜서 그에 따른 길흉화
복을 점쳤다.

菁根醬

菁根去麤皮淨洗, 一盆爛烹, 末醬一斗細末, 鹽一斗, 和合熟搗納瓮. 以如指柳木, 穿至瓮底十數穴. 鹽一升, 水一鉢, 和煎待冷注水. 待熟用之, 其甘如飴.(菁根爛烹全體, 與末醬交雜, 沈造如常法. 待熟, 磨作豉亦好. 此法勝.) 須於月初八日二十三, 則無虫蛆.(宜用滿平正成收開日)

菁根醬

菁根去麤皮淨洗一盆爛烹末醬一斗細末鹽一斗和合熟搗納瓮以如指柳木穿至瓮底十數穴鹽一升水一鉢和煎待冷注水待熟用之其甘如飴爛烹菁根全體與末醬交雜沈造如常法待熟磨作豉亦好此法勝須於月初八日二十三則無虫蛆宜用滿平正成收開日

🏺 기울장

7월 그믐에 콩 1말을 깨끗이 씻어 쪄서 익히고, 기울 2말과 함께 찧어 탄환 크기로 만든다. 두이레(14) 동안 재웠다가 10일간 햇볕에 말려 바람을 쐬어준다. 9월이 되어 물 1동이에 소금 7되를 섞어 독에 담고 말똥에 묻는데, 즙장汁醬을 담는 법과 같다.

其火醬

七月晦時, 太一斗淨洗熟蒸, 其火二斗, 合搗如彈丸大. 二七日經宿, 十日曝陽去風. 待九月, 水一盆, 鹽七升, 和納瓮, 埋馬糞如汁醬法.

其火醬
七月晦時太一斗淨洗熟蒸其火二斗合搗如彈丸
大二七日經宿十日曝陽去風待九月水一盆鹽七
升和納瓮埋馬糞如汁醬法

전시

누런 콩, 검정콩을 가리지 않고 묘시卯時에 물에 담갔다가 진시辰時에 건져내어 쪄서 익힌다. 검정콩이 홍색이 되면 꺼내서 잠깐 바람을 쐬어 더운 김을 뺀다. 시렁을 매고 시렁 위에 쑥蓬을 펴며, 또 그 위에 빈 섬거적을 깔고, 거적 위에 콩을 펴 너는데, 콩 위에 쑥을 두껍게 덮는다.

두이레(14일)가 지나 누런 곰팡이가 피면 잘된 것이므로, 햇볕에 말려 키질을 한다. 정두正豆 1말당 소금 1되, 누룩 3홉, 물 1사발을 섞어 독에 넣고, 사기그릇으로 뚜껑을 덮고 진흙을 발라 말똥에 묻는다.

두이레(14일)가 지난 다음 꺼내어 햇볕에 말려 저장한다.

全豉

黃黑豆勿論, 卯時沈水, 辰時拯出熟蒸. 黑豆則色紅, 出乍曝出氣. 作架, 架上鋪蓬, 又鋪空石草席, 席上鋪豆, 豆上蓋蓬甚厚. 經二七日, 生黃毛爲上, 曝乾簁揚. 正豆一斗, 鹽一升, 麴三合, 水一鉢, 和納甕, 蓋甕器, 以泥塗之, 埋馬糞. 經二七日, 出曝藏之.

🏮 봉리군 전시방

고려 말의 천태종天台宗 승려 신조 神照를 가리킨다. 치악산 각림사 覺林寺에 있다가 이성계李成桂를 따라다니며 사냥이나 전쟁 중에 음식을 요리하여 대접했다. 이성계 가 조선을 개국한 뒤 그를 봉리군 奉利君에 봉했다.

7월 그믐에 누런 콩 10말을 깨끗이 씻어 하룻밤 물에 불렸다가 쪄서 익히는데, 먼저 익은 순서대로 콩을 꺼낸다. 띄울 때에는 시렁을 매고, 시렁 위에 생쑥을 두껍게 깐 다음, 그 위에 빈 가마니를 깔고 붉나무 잎, 닥나무잎을 덮고, 익힌 콩을 펴서 넌다. 또 그 위에 앞서와 같은 나뭇잎과 생쑥으로 두껍게 덮는다.

2주일이 지나 꺼내 바깥에서 바람을 쐬어주는데, 매일 저녁 한 번씩 키질하여 10일간 지속한다.

9월이 되어 초승달이 뜨면, 오래된 독을 골라 콩 2말, 소금 1되, 누룩 4홉, 물 1동이를 섞어 독에 담는다. 기름종이로 독 입구를 봉하고 섶 풀을 모아다 독 뚜껑에 두껍게 얹고 그 위에 진흙을 바른다. 이 독을 말똥 속에 묻어두는데, 생풀로 두껍게 감싸서 묻는다.

두이레(14일)가 지나면 꺼내어 햇볕에 말렸다가 깨끗한 독에 넣어 따 뜻한 방 안에 두는데, 바람이 들어가면 맛이 쓰다.

奉利君全豉方

七月晦時, 黃豆十斗, 淨洗浸一宿熟蒸. 待入時出蒸. 作架, 生艾厚鋪, 次鋪空石千金木葉楮葉, 熟豆列鋪. 又以前件木葉生艾厚蓋. 宿二七日後, 出曝露去風, 每夕一簁限十日. 待九月初生, 擇熟甕, 太二斝, 鹽一升, 麴四合, 水一盆, 和納甕. 油紙封口, 摘薪菜厚置甕蓋, 泥塗其上, 置甕馬糞中, 生草厚圍而埋之. 過二七日, 出曝陽納淨甕, 入置溫房, 風入則味辛.

奉利君仝豉方

七月晦時黃豆十斗淨洗浸一宿熟蒸待入時出蒸作架生艾厚鋪次鋪空石千金木葉楮葉熟豆列鋪又以前件木葉生艾厚蓋宿二七日後出曝露去風每一夕簁限十日待九月初生擇熟甕太二斝鹽一外麴四合水一盆和納甕油紙封口摘薪菜厚置甕蓋泥塗其上置甕馬糞中生草厚圍而埋之過二七日出曝陽納淨甕入置溫房風入則味辛

더덕좌반

더덕山蔘의 겉껍질을 벗기고 두드린 다음 흐르는 물에 담근다. 흐르는
물이 없으면 자주 물을 갈아주어 쓴맛이 없도록 한다. 이것을 쪄서
익힌 다음 소금, 간장, 참기름을 섞어 사기그릇에 담는다. 더덕을 하룻
밤 물에 담갔다가 햇볕에 말리고, 다시 물에 담갔다가 후춧가루를 살
짝 뿌려서 다시 말린다.

쓸 때 구이炙로 해서 밥상에 올리는데, 여름철에 더욱 좋다.

山蔘佐飯

山蔘去麤皮搗之, 流水浸之, 無水流, 數改水, 令無苦味. 熟蒸, 鹽淸醬香油交合, 盛甕器中. 山蔘浸一宿陽乾, 再浸下胡椒末小許又乾. 用時灸而進之, 夏節尤好.

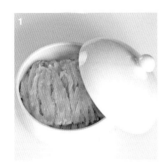

山蔘佐飯
山蔘去麤皮搗之流水浸之無水流數改水令無苦
味熟蒸鹽淸醬香油交合盛甕器中山蔘浸一宿陽
乾再浸下胡椒末小許又乾用時灸而進之夏節尤
好

육면

기름진 고기를 반쯤 익혀서 국수처럼 가늘게 썰어 밀가루를 고르게
묻힌다. 된장국에 넣어 여러 차례 더 끓인 뒤에 밥상에 올린다.

肉麵

膏肉半熟, 如麵細切, 輪塗眞末, 納湯豉, 更數沸
進之.

肉麵
膏肉半熟如麵細切輪塗真末納湯豉更數沸進之

수장법 간장 담그는 법

20말들이 독에 메주 1말가량을 독 바닥에 먼저 깐다. 독 중간쯤에 다리를 걸치고 대발을 편 다음, 다시 메주 7말을 대발 위에 얹는다. 물 8동이를 끓여, 물 1동이당 소금 8되씩을 섞어 여기에 부어 내린다.

익은 다음 대발 위의 메주를 걷어내고, 수장水醬은 새지 않는 항아리에 옮겨 담아 사용한다. 포적泡炙(두부양념구이)을 만들 때 국물로 쓰면 좋고, 평상시에 사용하는 장독에서 간장을 너무 많이 떠내어 간장이 마를 경우, 수장을 첨가했다가 퍼내어 쓰면 더욱 좋다.

水醬法

二十斗容入瓮, 末醬一斗許, 先入甕底. 瓮
半入許, 作橋鋪簾, 又末醬七斗納橋上. 水
八盆沸湯, 水一盆, 鹽八升式, 和合注下. 待
熟, 捲出上醬, 水醬移入不津缸用之. 泡炙
汁爲好, 常用醬甕多汲, 艮醬乾燥, 則水醬
添注汲用尤好.

— 계암선조유묵溪巖先祖遺墨

김유金綏의 손자이자 김부륜金富倫의 아들 김령金坽(1577~1641)이 남긴 필적이다. 자는 자준子峻, 호는 계암溪巖, 본관은 광산光山이다.

 # 삼오주

정월 첫째 오일午日에 멥쌀 5말을 깨끗이 씻어 하룻밤 물에 불린다. 다음 날 아침 다시 씻어서 곱게 가루를 내고, 끓는 물 큰 동이 3개와 섞어 죽을 만들어 차게 식힌다. 여기에 약누룩 3되, 밀가루 3되를 섞어 독에 넣는다.

둘째 오일, 멥쌀 5말을 이틀 전에 깨끗이 씻어 하룻밤 물에 불렸다가 다음 날 아침 다시 씻어 곱게 가루를 내고 깨끗한 자리에 펴고는 위를 덮어둔다. 둘째 오일이 되어 이른 아침에 푹 쪄서 익혀 개암 크기로 떡을 만들어 자리 위에 펴서 차게 식힌 다음, 먼저 빚은 술독에 섞어 넣는다.

셋째 오일, 멥쌀 5말을 이틀 전에 깨끗이 씻어 하룻밤 물에 불렸다가 다음 날 아침에 다시 씻어 곱게 가루를 내어 깨끗한 자리에 펴둔다. 셋째 오일이 되어 이른 아침에 푹 쪄서 익혀 개암 크기로 떡을 만들어 자리에 펴서 차게 식힌 다음, 앞의 술독에 섞어 넣는다.

단옷날에 내어서 쓴다.

三午酒

正月初午日, 米五斗, 百洗沈宿. 翌日朝, 更洗細末, 湯水三大盆, 和作粥待冷, 藥曲三升, 眞末三升, 和入瓮. 二午日, 白米五斗, 前二日, 百洗沈宿, 翌日朝更洗細末, 鋪淨席乃蓋置. 當二午日, 早朝熱蒸, 如榛子大作餅, 布於席上待冷, 和前酒入瓮. 三午日, 白米五斗, 前二日, 百洗沈宿, 翌日朝更洗細末, 鋪淨席. 當三午日, 早蒸出, 如榛子大作餅, 分布待冷, 和前酒入瓮. 端午日開用之.

또 다른 방법

술 빚기 하루 전날, 멥쌀 3말을 깨끗이 씻어 가루를 내어 대나무 체로 여러 번 쳐둔다.

정월 첫째 오일 새벽 일찍, 정화수 3동이, 누룩가루 3되를 함께 독에 넣고, 복숭아 나뭇가지로 휘젓는다. 쌀가루는 익혀서 차게 식힌 다음 항아리에 같이 넣고 휘저어둔다.

둘째 오일에도 앞의 방법처럼 하고, 셋째 오일에도 앞의 방법처럼 한다.

빨리 쓰려면 춥지도 덥지도 않은 따뜻한 방에 두고, 빨리 사용하지 않을 때는 시원한 곳에 두고 익힌다.

一法

前期一日, 米三斗, 淨洗作末, 竹篩重篩. 正月初午日曉頭, 井華水三盆, 曲末三升, 竝盛瓮, 桃枝攪之. 米末熟之待冷, 入缸攪之. 二午日, 如前法, 三午日, 亦如前法. 速用, 不寒不熱, 溫房置之, 不速則涼處釀之.

오정주

만병을 다스리고, 허한 것을 보하여 수명을 늘리며,
백발도 검게 하고 빠진 이도 다시 나게 한다

황정黃精(둥굴레 뿌리) 4근, 천문동天門冬 3근, 솔잎 6근, 백출 4근, 구기
자 5근을 준비하여 썰고, 여기에 물 3섬을 부어 1섬이 되도록 졸인다.
멥쌀 5말을 깨끗이 씻어 곱게 가루를 내어 죽을 쑤고는 차게 식힌다.
누룩 7되 5홉, 밀가루 1되 5홉과 함께 섞어 넣는다. 여름에는 시원한
곳에 두며, 겨울에는 따뜻한 곳에 둔다.
3일이 지나, 멥쌀 10말을 깨끗이 씻어 하룻밤 물에 불렸다가 완전히
쪄서 앞의 술독에 섞어 넣는다.
익은 뒤에 쓴다.

五精酒 主萬病, 補虛延年, 白髮還黑, 落齒更生

黃精四斤, 天門冬三斤, 去心松葉六斤, 白朮四斤, 枸杞五斤, 右味剉之, 水三石, 煎至一石. 米五斗, 百洗細末, 作粥待冷, 曲七升五合, 眞末一升五合合造. 夏置涼處, 冬置溫處. 三日後, 白米十斗, 百洗沈宿全蒸, 和前酒入瓮. 待熟用之.

송엽주

솔잎 6말, 물 6말을 2말이 될 때까지 졸여서 찌꺼기와 송진을 제거한다. 멥쌀 1말을 깨끗이 씻어 곱게 가루 내고 앞의 물에 개어 죽을 만들어 차게 식힌다. 좋은 누룩 1되와 섞어 독에 넣는다. 세이레(21일)가지나면 쓰는데, 모든 질병에 바로 효과가 있다.

松葉酒

松葉六斗, 水六斗, 煎至二斗, 去滓及脂. 白米一斗, 百洗細末, 前水作粥待冷, 好曲一升, 和入瓮. 三七日後用之, 諸疾即差.

松葉酒
松葉六斗水六斗煎至二斗去滓及脂白米一斗百洗細末前水作粥待冷而曲一升和入瓮三七日後用之諸疾即差

포도주

멥쌀 3말을 깨끗이 씻어 곱게 가루 내고 죽을 만들어 차게 식힌다. 여기에 누룩가루 7되를 섞어 독에 넣는다. 술이 익으면 멥쌀 5말을 깨끗이 씻어 완전히 쪄서 차게 식힌 다음, 누룩 3되, 포도가루 1말과 함께 먼저 빚은 술독에 섞어 넣는다. 익은 뒤에 쓴다.

다른 방법으로, 포도를 짓이겨놓고, 찹쌀 5되로 죽을 만들어 식힌 다음, 누룩가루 5홉과 함께 섞어 독에 넣는다. 맑아진 다음에 쓰는데, 양주 자사涼州刺史●의 자리도 흥정해볼 만하다.

蒲萄酒

白米三升, 百洗細末, 作粥待冷 麴末七升, 和入瓮. 待熟, 白米五斗, 百洗全蒸待冷, 麴三升, 萄末一斗, 和前酒入瓮. 待熟用之.
又法. 蒲萄破碎, 用糯米五升, 作粥待冷, 麴末五合, 和入瓮. 待淸用之, 可博涼州刺史.

●
후한後漢 영제靈帝 때 맹타孟他라는 사람이 포도주 한 말을 환관 장양張讓에게 뇌물로 바치고 양주 자사가 된 고사를 가리킨다. (『後漢書』 卷78, 「宦者列傳・張讓」)

⚖ 애주

4월 그믐쯤에 멥쌀 1말을 깨끗이 씻어 곱게 가루 내고 죽을 만들어 차게 식힌다. 이것을 누룩 1되와 섞어 독에 넣고 단단히 봉하여 시원한 곳에 둔다.

5월 4일에 참쑥잎을 따되, 멥쌀 1말에 걸맞은 양을 따서 깨끗한 자리에 펴놓고 밤새 이슬을 맞힌다. 이것을 단옷날 이른 아침에 먼저 빚어놓은 술과 섞어 손바닥만 한 떡을 만든다. 나무발을 만들어 독 허리쯤에 걸치고, 떡을 나무발 위에 얹은 다음, 공기가 통하지 않도록 단단히 봉해서 찬 곳에 둔다.

8월 보름쯤에 독을 열고 나무발 아래에 고인 맑은 술을 떠내어 하루에 세 번 마시면 모든 병이 낫는다. 쌀과 쑥의 양은 임의대로 한다. 이것이 대략적인 방법이다.

艾酒

四月晦時, 白米一斗, 百洗細末, 作粥待冷, 曲一刊, 和入瓷, 堅封置涼處. 五月初四日, 採眞艾葉, 與米一斗數準, 布於淨席, 終夜承露. 端午日早朝, 和前酒作餠如掌, 作木簾, 安於瓷腰, 置餠於簾上, 密封愼莫出氣, 置於寒地. 八月望時開封, 取簾下淸汁, 日三飮之, 百疾皆愈. 米與艾多少, 任意爲之. 此其大槩也.

황국화주법

황국화 중에 향기가 좋고 맛이 단것을 골라 따서 햇볕에 말린다.

청주淸酒 1말당 국화 송이 3냥씩을 생명주 주머니에 담아, 술 표면에서 약 손가락 하나 높이에 매달고 독 입구를 단단히 봉한다. 하룻밤 지나 꽃을 들어내면, 술맛이 향기롭고 달다. 향기가 있는 모든 꽃은 이와 같이 할 수 있다.

黃菊花酒法

揀黃菊, 嗅之香嘗之甘者, 摘下曬乾. 每淸酒一斗, 用菊花頭三兩, 生絹帒盛之, 懸於酒面上, 約離一指許, 密封甕口. 經宿去花, 其味有香而甘, 一切有香之花, 依此法可也.

🪔 건주법 건주는 백병을 다스리는 처방이다

찹쌀 5말로 밥을 짓고, 좋은 누룩 7근 반, 부자附子 5개,
생오두生烏頭 5개, 생강 또는 건강, 계피, 촉○ 각각 5냥씩
을 준비한다. 위의 재료를 섞어 찧어서 가루를 내고, 평
소 방법대로 술을 빚어서 독 입구를 봉한다.
7일이 지나 술이 익으면 술지게미를 짜내어 꿀에 반죽
해서 계란 크기로 환을 만들어두었다가, 물 1말에 넣으
면 곧 좋은 술이 된다. 춘주春酒를 담글 때 만들면 더욱
좋다.

乾酒法 乾酒治百病方

糯米五斗炊, 好麴七斤半, 附子五介, 生烏頭五介, 生
乾薑桂心蜀○各五兩, 右件搗合爲末, 如釀酒法封頭.
七日酒成, 壓取糟, 蜜溲爲丸如鷄子大, 投一斗水中,
立成美酒. 春酒時浩更好.

지황주 흰머리를 빨리 검게 하는 처방이다

굵은 지황地黃을 큰 말로 1말가량 썰어 찧어 부수고, 찹쌀 5되로 무르게 밥을 짓고, 누룩은 큰되로 1되를 준비한다. 이 세 가지 재료를 함께 소래기에 넣고 잘 주물러 섞어서 물이 새지 않는 항아리에 담고 진흙을 발라 봉한다.

봄여름이면 세이레(21일), 가을·겨울이면 다섯이레(35일)가 지나, 날을 채워 개봉하면 1잔가량의 액체가 있는데, 이것이 바로 정화精華 (진국)이니, 먼저 이것을 마셔야 한다. 나머지는 생베에 넣어 짜서 저장하는데, 그 맛이 조청처럼 매우 달다. 불과 세 번 마시기 전에 머리털이 옻칠처럼 검어진다.

우슬즙牛膝汁을 섞어 밥을 지으면 더욱 좋은데, 희게 자른 것은 절대 쓰지 말아야 한다.

地黃酒 變白速效方

肥地黃切一大斗搗碎, 糯米五升爛炊, 麴一大升, 右件三味於盆中, 熟揉相入納不津器中封泥. 春夏三七日, 秋冬五七日, 日滿開有一盞液, 是其精華, 宜先飲之. 餘用生布絞貯之, 如稀餳極甘美, 不過三劑, 髮黑如漆. 若以牛膝汁拌炊飯更妙, 切忌切白.

# 예주

정월 상순에 찹쌀 5말을 깨끗이 씻어 하루 이틀 물에 불렸다가 다시 씻어 곱게 가루를 낸다. 이것을 쌀 1말에 끓는 물 2사발씩 모두 10사발로 개어 죽을 만들어 차게 식힌다. 누룩 2말과 섞어 독에 담고 단단히 봉해서 춥지도 덥지도 않은 곳에 둔다. 절대 얼지 않도록 해야 하는데, 얼면 맛이 없어진다. 3월에 복숭아꽃 필 무렵, 쌀 15말을 깨끗이 씻어 하루 이틀 물에 불렸다가 완전히 두 차례 쪄서 잘 무르도록 하여 차게 식히고는, 먼저 빚은 술독에 섞어 넣었다가 단옷날 쓴다.

또 다른 방법으로, 정월 상순에 찹쌀 5말을 깨끗이 씻어 곱게 가루 내어 밑술醅을 만들고, 끓인 물 12말을 부어 밑술이 식거든 깨끗한 곳에 놓아둔다. 3일이 지나, 좋은 누룩 1말 2되를 밑술과 섞어 단단히 봉하고 춥지도 덥지도 않은 곳에 둔다. 복숭아꽃 필 무렵, 또 찹쌀 2말, 멥쌀 8말을 앞의 방법대로 깨끗이 씻어 완전히 쪄서 먼저 빚은 술독에 섞어 넣었다가 단옷날 쓴다. 거듭 찔 때 뿌리는 물이 1말을 넘지 않아야 하니, 이보다 많으면 맛이 싱거워진다.

醴酒

正月上旬, 粘米五斗, 百洗浸水一兩日, 更洗細末. 湯水每米一斗二鉢式, 十鉢和作粥待冷, 曲二斗, 和入瓮堅封, 置於不寒不熱處. 愼莫凍, 凍則無味. 至三月桃花時, 米十五斗, 百洗浸水一兩日, 全蒸二度, 令潤待冷, 和前酒入瓮, 端午用之. 又正月上旬, 粘米五斗, 百洗細末作酷, 以熟水十二斗, 待酷冷置淨處. 隔三日, 好曲一斗二升, 合造堅封, 置不寒不熱處. 待桃花時, 又以粘米二斗, 白米八斗, 如前洗淨全蒸, 和前酒入瓮, 端午時用之. 重蒸時灑水, 不過一斗, 多則味薄.

황금주

멥쌀 2되를 깨끗이 씻어 하룻밤 물에 불렸다가 곱게 가루 내어 물 1말로 밑술酷을 만들어(혹은 죽을 만든다) 차게 식힌다. 이것을 누룩 1되와 섞어 술을 빚는다.
겨울이면 7일, 여름이면 3일, 봄가을이면 5일이 지나, 다시 찹쌀 1말을 깨끗이 씻어 완전히 쪄서 차게 식힌 다음, 먼저 빚은 술에 섞어 넣는다. 두이레(14일) 후에 쓴다.

黃金酒

白米二升, 百洗浸一宿細末, 水一斗, 作酷(或云作粥) 待冷, 曲一升, 合造. 冬七日, 夏三日, 春秋五日, 復粘米一斗, 百洗全蒸待冷, 和前酒, 二七後用之.

黃金酒
白米二升百洗浸一宿細末水一斗作酷或云作粥待冷
曲一升合造冬七日夏三日春秋五日復粘米一斗
百洗全蒸待冷和前酒二七後用之

세신주

멥쌀 5말을 깨끗이 씻어 곱게 가루를 내고, 끓는 물 10말로 개어 죽을 만들어 차게 식힌다. 이것을 누룩 1말과 섞어 독에 넣는다.

봄가을이면 5일, 여름이면 4일, 겨울이면 7일이 지나, 다시 멥쌀 10말을 깨끗이 씻어 미리 3일간 물에 불리면서 아침저녁으로 물을 갈아주고 완전히 찌며, 물 5말을 뿌려가며 거듭 쪄서 무르게 익혀 차게 식힌다. 이것을 누룩 5되와 함께 먼저 빚은 술에 섞어 독에 넣었다가 익으면 쓴다.

細辛酒

白米五斗, 百洗細末, 湯水十斗, 作粥待冷, 曲一斗, 和入瓮. 春秋五日, 夏四冬七, 復白米十斗, 百洗預浸三日, 朝夕更水全蒸, 水五斗灑飯重蒸, 甚熟待冷, 曲五升, 和前酒入瓮, 熟用之.

🏺 아황주

멥쌀과 찹쌀 각각 1말 5되를 깨끗이 씻어 곱게 가루를 내고 끓는 물 4말로 개어 죽을 만들어 차게 식힌다. 이 것을 누룩 1말과 섞어 독에 넣는다.

7일이 지나, 멥쌀 4말을 깨끗이 씻어 곱게 가루를 내고 끓는 물 5말로 개어 죽을 만들어 차게 식힌다. 이것을 누룩 5되와 섞어 먼저 빚은 술과 섞어 독에 넣는다.

또 7일이 지나, 멥쌀 5말을 깨끗이 씻어 곱게 가루를 내고 끓는 물 6말로 개어 죽을 만들어 차게 식힌다. 이것을 전에 빚은 술을 꺼내어 누룩은 더 넣지 않고 섞어 넣고 맑게 익으면 쓴다.

계절에 구애받지 않으나, 봄가을이 가장 좋다.

鵝黃酒

白米粘米各一斗五升, 百洗細末, 湯水四斗, 作粥待冷, 曲一斗, 和入瓷. 隔七日, 白米四斗, 百洗細末, 湯水五斗, 作粥待冷, 曲五升, 和前酒入瓷. 又隔七日, 白米五斗, 百洗細末, 湯水六斗, 作粥待冷, 出前酒無曲和入. 坐淸用之, 無時節, 春秋極好.

도화주

6월 유두일에 만든 누룩으로 술을 빚을 수 있으니, 명심하여 만드는 것이 좋다. 비록 절반의 술을 빚더라도, 본주에 들어가던 쌀, 누룩, 밀가루의 양을 감량하지 않는 것이 좋다

정월 진일辰日에 찹쌀 3되, 멥쌀 6되를 깨끗이 씻어 곱게 가루를 내어 함께 죽을 쑤어서 매우 차게 식힌다. 이것을 6월 유두일에 만든 누룩가루 2되, 밀가루 2되(1되를 더 넣어도 된다)와 섞어 독에 넣고, 동쪽을 향한 복숭아나무 가지로 휘젓는다.

2월에 야당野棠의 잎이 막 눈틀 때, 멥쌀 5말을 깨끗이 씻어 하룻밤 물에 불렸다가 완전히 찌고, 물 5말에 말아 매우 차게 식혀 먼저 빚어둔 본주本酒 위에 넣되 젓지는 않는다. 아래도 동일하다.

술이 익기를 기다려, 멥쌀 4말을 깨끗이 씻어 하룻밤 물에 불렸다가 쪄서 익히고, 여기에 물 4말을 붓고 전처럼 빚어둔 본주 위에 붓는다.

또 술이 익으면, 멥쌀 3말을 깨끗이 씻어 쪄서 익히고, 물 3말을 부어 차게 식힌 다음 다시 본주 위에 넣는다.

익으면 떠서 쓴다. 오래 쓰고 싶을 경우 술빚기를 전과 같은 요령으로 계속 이어간다면, 여름까지 해도 무방하다. 술 빛이 맑고 맛이 독하다.(만약 청주와 탁주를 한 번 뜨고 나면, 찹쌀 적당량을 죽으로 만들어 매우 차게 식힌 다음, 위의 누룩을 섞어서 본주 위에 부어주고, 맑게 익으면 다시 쓰는 것도 좋다. 모든 그릇은 냉수로 행구는 것을 금한다.)

桃花酒

六月流頭日造曲, 可以釀之, 銘心造之可也. 雖折半釀之, 本酒米及曲眞, 則勿減可也

正月辰日, 粘米三升, 白米六升, 百洗細末, 幷爲蕩粥極冷, 以六月流頭日所造末麴二升, 眞末二升(加一升大可), 和合納瓮, 以東向桃枝攪之. 二月野棠葉初開眼時, 白米五斗, 百洗沈水一宿全蒸, 以水五斗和漬極冷, 納于前本酒上, 勿擾. 下同. 待其熟時, 白米四斗, 百洗一宿沈熟蒸, 以水四斗和之, 如前納本酒上. 又熟時, 白米三斗, 百洗熟蒸, 水三斗和之待冷, 又納本酒上. 待熟挹用, 如欲久用, 則凡釀法如前續續, 則到夏不妨. 色清味猛.(如一過挹清濁, 則粘米商酌作粥, 待其極冷, 和右曲, 注于本酒上, 清復用之亦好. 凡器皿忌冷滴.)

경장주

멥쌀 1말을 깨끗이 씻어 쪄서 익히고, 찹쌀 1말을 깨끗이 씻어 곱게
가루를 내어 죽을 만들어 함께 섞은 뒤 차게 식힌다. 여기에 누룩 1
말을 섞어 독에 넣는다.

3일이 지나, 멥쌀 2말을 깨끗이 씻어 쪄서 익히고, 찹쌀 2말을 곱게
가루를 내어 죽을 만들고 누룩 2되와 함께 섞어 차게 식힌 다음 먼
저 빚은 술독에 섞어 넣는다.

7일 뒤면 그 맛과 빛깔이 이루 말할 수 없이 좋다. 서왕모西王母가 백운
가白雲歌를 불러 멀리 있는 마을을 놀라게 했다는 술이다.

瓊漿酒

白米一斗, 百洗熟蒸, 粘米一斗, 百洗細末作粥, 相和
待冷, 曲一斗和入瓮. 隔三日, 白米二斗, 洗淨熟蒸, 粘
米二斗, 細末作粥, 曲二升, 相和待冷, 和前酒納瓮. 七
日後, 其味其色, 不可具言. 此西王母唱白雲歌動遠市
之酒也.

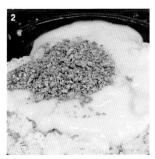

칠두오승주

일명 도잠이라고도 한다. 멥쌀 7말 5되, 물 9말, 그리고 누룩 9되다

멥쌀 1말 5되를 깨끗이 씻어 가루를 내어 되게 찌고, 물 2말을 끓여 뜨거울 때 함께 섞어 죽을 만들어 차게 식힌다. 이것을 좋은 누룩 2되와 섞어 독에 넣는다.

4~5일이 지나, 멥쌀 2말을 전처럼 씻어 가루를 내어 찌고, 끓는 물 2말 5되와 섞어 죽을 만들어 차게 식힌다. 이것을 누룩 2되 5홉과 섞어 먼저 빚은 술독에 넣는다.

4~5일이 지나, 멥쌀 4말을 깨끗이 씻어 완전히 찌고, 여기에 물 4말 5되를 끓여 섞어 차게 식힌 다음, 누룩 4되 5홉과 섞어 먼저 빚은 술에 넣는다. 익으면 술을 거른다.

또 다른 오두오승주

멥쌀을 씻어 가루를 내어 죽을 끓여 차게 식힌 다음 누룩과 섞는다. 누룩의 양과 절차는 일체 앞의 방법대로 한다. 쌀, 물, 누룩의 양은 다음과 같다.

1차, 멥쌀 1말을 가루로 만듦. 끓인 물熟水 1말 3되. 누룩가루 1되 3홉.

2차, 멥쌀 1말을 가루로 만듦. 끓인 물 1말 7되. 누룩가루 1되 7홉.

3차, 멥쌀 3말을 가루로 만듦. 끓인 물 3말 5되. 누룩가루 3되 5홉.

七斗五升酒

或名陶潛, 白米七斗五升, 水九斗, 曲九升

白米一斗五升, 百洗作末乾蒸, 水二斗湯
沸, 乘熱和合作粥待冷, 好曲二升, 和入瓮.
四五日, 白米二斗, 如前洗作末而蒸, 湯水
二斗五升, 作粥待冷, 曲二升五合, 和入瓮
之酒. 經四五日, 白米四斗, 百洗全蒸, 水四
斗五升, 湯和待冷, 曲四升五合, 和前酒, 待
熟上槽.

又五斗五升酒

洗末蒸粥待冷, 和曲. 曲數節次, 一如前法.
米水曲數如左.

一次, 白米一斗作末, 熟水一斗三升, 曲末
一升三合.

二次, 白米一斗作末, 熟水一斗七升, 曲末
一升七合.

三次, 白米三斗作末, 熟水三斗五升, 曲末
三升五合.

백화주

정월 안에 멥쌀 5말을 깨끗이 씻어 가루를 내어 무르게 찌고, 끓는 물 7말에 개어 죽을 만들어 차게 식힌다. 이것을 누룩가루 7되와 섞어 춥지도 덥지도 않은 곳에 둔다.

온갖 꽃이 만발하면, 찹쌀 5말과 멥쌀 10말을 깨끗이 씻어 무르게 찌고, 끓는 물 13말과 좋은 누룩 3되를 먼저 빚어놓은 술에 섞어 빚는다.

단옷날에 개봉하여 쓴다. 여기에 쓰이는 그릇은 끓는 물로 씻어야 하며, 생수는 금한다.

百花酒

正月內, 白米五斗, 百洗作末爛蒸, 湯水七斗, 作粥待冷, 曲末七升, 和合置不寒不熱處. 待百花滿開, 粘米五斗, 白米十斗, 百洗爛蒸, 湯水十三斗, 好曲三升, 和前酒合釀. 端午時開用, 所用器皿, 湯水洗, 忌生水.

百花酒
正月內白米五斗百洗作末爛蒸湯水七斗作粥冷
曲末七升和合置不寒不熱處待百花滿開粘米五
斗白米十斗百洗爛蒸湯水十三斗好曲三升和前
酒合釀端午時開用所用器皿湯水洗忌生水

향료방

멥쌀 5말을 깨끗이 씻어 3일간 물에 불렸다가 곱게 가루를 내어 쪄서 익히고, 끓는 물 7말을 섞어 차게 식힌다. 이것을 누룩가루 7되, 밀가루 3되와 섞어 술을 빚어 단단히 봉한다. 술이 익으면 멥쌀 10말을 깨끗이 씻어 3일간 물에 불렸다가 완전히 쪄서 익히고, 끓는 물 8말, 누룩가루 5도刀(되)를 전에 빚어둔 밑술醅에 섞어 넣어 빚는다.

香醪方

白米五斗, 百洗沈水三日, 細末熟蒸, 沸水七斗和待冷,
曲末七刀, 眞末三刀, 和釀堅封. 待熟, 白米十斗, 百洗
浸水三日全蒸, 熟水八斗, 曲末五刀, 用前醅和釀.

전약법

청밀과 아교 각각 3사발, 대추_{大召} 1사발, 후추와 정향 각각 1냥 반, 건
강 5냥, 계피 3냥을 법도에 맞게 섞어 졸인다.

煎藥法

淸蜜阿膠各三鉢, 大召一鉢, 胡椒丁香一兩半, 乾羌五兩, 桂皮三兩, 依法和煎.

煎藥法
淸蜜阿膠各三鉢大召一許胡椒丁香一兩半乾羌五兩桂皮三兩依法和煮

생강정과

생강 껍질을 벗기고 얇게 썰어, 꿀물에 오래 졸여 물기를 없애고, 다
시 전밀全蜜을 부어 졸여서 저장해두고 쓴다.

生薑正果

生薑去皮片割, 蜜水久煎去水, 更以全蜜和煎, 藏用.

生薑正果
生薑去皮片割蜜水久煎去水更以全蜜和煎藏用

장육법

쇠고기를 삶아 익기 시작하면, 소금물에 푹 삶았다가 차게 식힌다. 소금
물을 독에 담고 고기를 넣어두면, 오래 지나도 고기가 상하지 않는다.

藏肉法

烹牛肉纔熟, 煮鹽水待冷, 盛瓮沈肉, 則雖久不敗.

습면법

희고 좋은 녹말을 고른다. 솥에 물을 끓이면서 바가지를 함께 넣고 끓이다가 뜨거운 바가지를 꺼내 끓는 물 2되를 담는다. 물이 아직 뜨거울 때 녹두가루 2~3홉을 넣고, 나뭇가지 두 개로 여러 번 휘저어서 풀죽을 만드는데, 풀죽이 진하면 끓는 물을 더 붓고, 묽으면 녹두가루를 더 넣는다. 풀죽이 나뭇가지를 타고 끊어지지 않게 흐르게 되면 녹두가루 5되를 더 섞는다. 그 농도가 진꿀같이 된 뒤에, 새끼손가락 굵기의 구멍 세 개가 뚫린 바가지를 한 손에 들고, 손가락 세 개로 그 구멍을 막고는 앞의 물과 섞은 녹두가루를 담아, 솥 안의 끓는 물에 흐르게 한다. 한 손으로 이 바가지를 두드리는데, 바가지 높이가 높을수록 국수가 가늘어진다. 나뭇가지로 솥 안의 국수를 젓다가 건져 쓰면 된다. 국수의 좋고 나쁨은 오로지 풀죽이 날것이냐 잘 익었느냐, 진하냐 묽으냐에 달려 있다.

濕糆法

擇菉末之白肥者. 熱水於鼎, 幷入中瓢湯沸之, 出熱瓢盛沸水二升. 乘水之猶熱, 加菉豆末二三合, 折木二枝, 數數撓爲之膠, 膠厚則添沸水, 薄則添菉末. 流木枝不絶, 而後加菉豆末五升更和之. 其厚薄若眞蜜, 然後一手將如小指穿三穴之瓢, 塞三指盛和水之末, 注沸水之鼎. 一手扣其瓢, 瓢高則糆細. 以木枝撓在鼎之糆, 拯用之爲妙. 糆善惡, 都在作膠之生熟厚薄也.

모난이법

날가지를 네 쪽으로 갈라 참기름에 지진 다음, 간장, 식초, 마늘즙에 담가두고 쓰면 몇 년이 지나도 그 맛이 새로 만든 것과 같다. 또 날가지를 앞과 같이 네 쪽으로 갈라 참기름과 간장에 지져낸 후, 식초와 마늘즙에 넣어두고 써도 좋다.

毛難伊法

生茄子四拆, 煎於眞油, 將醋及蒜汁沈用, 雖過數年, 其味如初. 又生茄子, 如前四拆, 煎於眞油艮醬中, 合於醋及蒜汁, 用之亦可.

서여탕법

기름진 고기를 밤톨 크기로 썰어 뜨거운 솥에 참기름을 두르고 고기
를 넣어 볶는다. 여기에 흑탕수(육수)黑湯水을 붓고 끓이다가, 또 껍질
을 벗긴 마를 잘게 썰어 끓는 탕에 넣는다. 잠시 끓인 후 계란을 깨어
탕에 풀어 넣는데, 탕이 많으면 계란 7~8개, 적으면 4~5개를 넣고 함
께 끓인다.

薯蕷湯法

膏肉如栗大切之, 復瀉眞油於熱鼎中, 將前肉熬煎.
次瀉黑湯水烹煎, 又將薯蕷削皮細切, 投之熱湯中,
煎之小頃, 鷄卵擊投之湯, 多則七八, 小則四五箇, 同
煎之.

서여탕법

전어탕법

참기름을 두른 뜨거운 솥에 크고 작은 민물고기를 가리지 않고 넣어
볶는다. 다음으로 장국물을 졸이다가 앞서 볶은 물고기를 넣고 다시
끓이는 것이 좋다. 또 민물고기를 장국물에 삶다가 잠시 후 껍질 벗긴
마를 잘게 썰어 넣고, 또 계란을 깨서 풀어 넣고 끓여서 쓴다.

煎魚湯法

眞油瀉於熱鼎中, 川魚勿論大小, 投之熬煎. 次將醬水烹煎, 以前項煎魚投之, 更烹之爲可. 又川魚烹於醬水中, 小頃薯蕷削皮細切投之, 又鷄卵破投之, 烹煎用之.

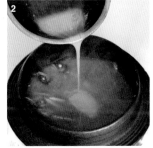

煎魚湯法
眞油瀉於熱鼎中川魚勿論大小投之熬煎次將醬
水烹煎以前項煎魚投之更烹之爲可又川魚烹於
醬水中小頃薯蕷削皮細切投之又鷄卵破投之烹
煎用之

# 전계아법

영계 한 마리를 깃털을 뽑고 사지를 자르며 피를 씻어 없애고, 참기름 2홉을 뿌려서 솥에 넣고 졸인다. 닭고기가 익으면 청주 1홉, 좋은 식초 한 숟가락, 맑은 물 1사발을 간장 1홉과 섞어 솥에 부어 1사발이 될 때까지 졸인다. 파를 잘게 다지고, 형개, 후추, 천초가루 등을 뿌려 먹는다.

煎鷄兒法

鷄兒一首, 去毛羽解四肢洗去血, 致眞油二合, 盛鼎煎. 鷄肉待熟, 加淸酒一合, 好醋一匙, 淸水一鉢, 和艮醬一合, 注其鼎煎至一鉢. 細斫生葱, 荊芥胡椒川椒末而食之.

煎鷄兒法
鷄兒一首去毛羽解四肢洗去血致眞油二合盛鼎
煎鷄肉待熟加淸酒一合好醋一匙淸水一鉢和艮
醬一合注其鼎煎至一鉢細斫生葱荊芥胡椒川椒
末而食之

향과저

너무 크지 않은 오이를 골라 물로 씻지 않고 수건으로 닦아 잠시 햇볕을 쪼이고, 칼로 위아래 끝을 잘라내고 세 가닥으로 쪼갠다. 생강, 마늘, 후추, 향유유香薷油 한 숟가락, 간장 한 숟가락을 함께 졸여 오이 쪼갠 곳에 붓는다.

물이 새지 않는 항아리를 물기 없이 바싹 말려 먼저 오이를 담고, 또 기름과 간장을 섞어 졸여서 뜨거울 때 항아리에 붓고 다음 날 쓴다.

香苴葅

擇苴未壯大者, 勿洗以巾拭之暫曝, 裁上下端以刀, 三分直拆. 生羌蒜胡椒香薷油一匙, 艮醬一匙, 共煎納入苴拆處. 不津缸極乾無水氣, 先盛其苴, 又油與艮醬和合煎, 乘熱注缸, 翌日用之.

香苴葅
擇苴未壯大者勿洗以巾拭之暫曝裁上下端以刀三分直拆生羌蒜胡椒香薷油一匙艮醬一匙共煎納入苴拆處不津缸極乾無水氣先盛其苴又油與艮醬和合煎乘熱注缸翌日用之

겨울 나는 갓김치

동아와 순무 및 줄기를 껍질을 벗기고 채菜처럼 잘라 새지 않는 독에
담은 다음, 소금을 싸락눈처럼 살짝 뿌리고, 또 채소를 앞과 같이 넣
어 독이 그득 찰 때까지 넣는다. 채소를 넣을 때마다 참기름을 적당
히 넣고, 또 겨잣가루를 성긴 체에 쳐서 넣으며, 가지를 쪼개서 함께
넣어도 좋다.

過冬芥菜沈法

冬瓜蔓菁及莖, 剝皮如○菜切之, 盛於不津瓮內, 將[鹽微雪]下之, 次排菜如前下瓮, 滿瓮爲限. 每鋪菜, 眞油갈酌注下, 又芥子末, 麤篩篩下, 又茄子開拆, 幷沈亦可.

過冬芥菜沈法
冬瓜蔓菁及莖剝皮
如淸菜切之盛扵
不津缸內將
鹽行至下之次批
菜如右下罷滿瓮扵
限每鋪菜
眞油斟酌注下又芥
子末麤篩二下又茄
子開拆幷
沈亦可

분탕

참기름 1되, 흰 파 썬 것 1되를 같이 볶고, 청장淸醬(맑은 간장) 1사발, 물 1동이를 준비하고, 이 네 가지를 함께 섞어 묽은 탕을 만든다. 탕을 끓여 낼 때 짜고 싱거운 것은 맛을 보아 간을 맞춘다

기름진 고기를 초미初味처럼 썰고, 황색과 백색으로 물들인 녹두묵은 긴 국수처럼 썬다. 또 생오이, 미나리, 도라지는 1치가량을 잘라서 녹두가루를 입혀 끓는 물에 데쳐 낸다. 앞의 재료들을 함께 탕에 넣어 먹는다. 먹을 때 흰파를 잘게 썰어 넣어 먹는다. 이 탕에 고기를 많이 넣을수록 맛이 좋아진다.

粉湯

眞油一升, 切葱白一升合煎, 淸醬一鉢, 水一盆, 右四物和合作稀湯, 湯下時醎淡, 嘗用之

膏肉如初味切之, 菉豆如長麪切之, 入黃白兩色, 又生瓜水芹苔更中, 一寸許切之. 菉豆末着衣, 沸於熱水中拯出, 右件味, 下湯用之. 當用時, 葱白細拆, 投而用之. 然此湯膏肉爲多, 其味好矣.

삼하탕

기름진 고기, 후추, 흰 파를 잘게 썰어 된장에 고루 섞어 개암 크기의
완자를 만든다. 새알만 한 변식扁食을 참기름에 넣어 지지고, 기자면碁
子麪도 ○두頭와 같이 만들어 또 참기름에 지진 다음, 위의 여러 재료
를 탕을 넣어 먹는다.

又三下湯

膏肉胡椒葱白細切, 於磨醬和合, 如榛子作團. 區食
如鳥卵, 煎於眞油中, 碁子麪如○頭造作, 又煎眞油,
上項雜味, 下湯用之.

황탕

노랗게 물들인 밥을 지어 놓고, 갈빗살은 이와 같은 모양으로 편으로
얇게 떠서 병탕柄湯을 만든다. 또 고기와 파와 호초의 세 가지 재료를
고르게 섞어 새알과 같은 완자를 만들고, 다시 녹두가루를 입혀 뜨거
운 물에 끓여낸다. 생강은 팥처럼 썰어 실백實柏, 개암 및 황반, 갈빗살,
고기완자의 여섯 가지 재료를 탕에 넣고 끓여 먹는다.

又黃湯

熟炊飯入黃染, 將加非孫, 如此樣作片爲柄湯. 又將肉與葱胡椒等三物, 和均如鳥卵作團, 復以菉豆末着衣, 熱水沸出. 生羌如小豆切之, 實栢榛子及上項黃飯加非孫肉團等六味, 入湯沸用.

삼색어아탕

새끼 은어나 숭어의 비늘을 벗겨 녹두가루를 묻히는데, 칼자루로 고루 두드려 녹두가루가 고루 스미는 것이 좋다. 이것을 뜨거운 물에 삶아 건져 찬물에 넣어 차게 식히고, 수병水兵처럼 자른다. 또 이 생선을 잘게 썰어 녹두가루, 후추, 호향胡香, 흰 파 등의 재료에 된장을 고루 섞어 함께 짓이긴 된장에 고루 섞고, 새알 크기의 완자를 만든다. 대하大蝦 몇 마리의 껍질을 벗겨 두 쪽으로 가르고, 삼색으로 물들인 녹두묵을 수병처럼 썰어 함께 탕에 넣어 먹는다.

又三色魚兒湯

銀魚首魚等魚兒中, 剝皮着以菉末, 以刀柄打均, 菉末均入爲貴. 沸於熱水, 拯於冷水中待冷, 如水兵樣切之. 又此魚細切, 菉末胡椒胡香葱白等味, 用磨醬和均, 作團如鳥卵. 大蝦若干去皮, 每一蝦分作兩片, 菉豆作三色如水兵樣切之, 下湯用之.

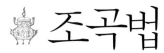 # 조곡법

6월 첫째 인일_{寅日}에 녹두의 껍질을 벗겨 곱게 가루를 내고, 무즙을
묽은 죽처럼 만들어, 밀기울과 섞어 손으로 주물러서 누룩 덩어리를
만든다. 덩어리마다 닥나무 잎이나 두꺼운 종이로 싸고, 그 바깥을 단
단하게 묶어 서까래 밑에 따로따로 매달아 연기에 그을리고는 햇볕에
말린 뒤에 쓴다. 녹두가 3말이라면 밀기울은 4말을 쓰는 것이 상례다.

造麴法

六月上寅日, 菉豆去皮細末, 羅汁如薄粥, 和麥麩掬成曲塊. 各裹楮葉厚紙, 裹外堅縛, 各懸椽頭, 待薰蒸曬乾用之. 菉豆三斗, 則麥麩四斗如例.

 # 전곽법

깨끗한 잣을 곱게 갈아, 식초와 섞어 다시마에 바른 다음 불에 익혀
먹는다.

煎藿法

細磨精栢子, 交醋塗藿, 煮火用之.

다식법

밀가루 1말, 졸인 꿀 1되, 참기름 8홉, 청주 작은 잔으로 3잔을 소반
위에서 고르게 섞어, 주물러서 한 덩어리로 만든다. 이것을 작은 덩어
리로 떼어내 다식틀에 찍어낸다. 무쇠솥 밑에 숯불을 피워 굽고, 잠깐
있다가 뚜껑을 열어보아, 그 빛깔이 담황색으로 말라 있으면 익은 것
이니 내어서 쓴다.

茶食[法]

[眞]末一斗, 煉蜜一升, 香油八合, 淸酒小三盞, 和均
於案上, 搓作一塊. 摘[取小]塊, 將樣板印之, 於鐺下
加炭火, 小間擧盖見之, 其色[黃乾卽熟]出用之.

又三色重炙沕訖宜首宜炙中剥炙著以菜末
以刀柳枝均菜末均入为炙沸出起而冷于中
待冷如永樣切之又将宜細切菜末和拼均看宜白
和味用磨醬和均以團和肉郇大鍋沿干去炙每一
餅分以兩片菜豆作三色米炙片兵樣切之下汭用之

造麵法

六月上寅日菜豆去皮細末羅沫以蓼粥和麥麩掬
成曲�名裏楮葉厚絰裹列堅縛及踏楊頭絰蓮蓮
晒乹用之菜豆三斗以麥麩四斗為例

熟薔法

細磨糯柏子交孫塗薔黄火用之茶白末一斗
束蜜一朱為油八合情佀小三盞和均去第上揉作一塊摘
尨如棃樣板即之于鐺下加炭火小於柔盖足之至色
尨邺用之

作更下之沸掠菜水去下尾滿竟方限每鑵菜
少許料酹注下又胡子末鹿篩之下又茄子開拆幷
沉之可

膏肉水初味坊之粢豆水長麩坊之入黃白兩色生
瓜水許者又中一寸許切之菜豆末著衣沸方熱方

粉湯生油一升切菌白一升合煮信皆一鑵又生
四物和合作粉湯之下時瑜淡予用一鑵右

中挼此右件味下瑜用膏肉鵠树菌
又許善衣味方笑又三下瑜膏肉鵠树菌細拆根之用

白細坊方磨醬和合水榛子作團遍令水令所惹方

生油中碁子麩頭造作又煮生油上項雜味下

後方榑以又好肉令菌好树和三物和均如令所作

柘榑于及上項黃飯加九独肉團扣六味入沺沸用

園後以菜三末宿衣熱方沸此生薑水小豆坊之實作

釜于中小頃箸與劑皮細切投之又鷄卵破投之意

意用之

煮鷄犬法

鷄兒一斤去毛羽解四肢洗去血致生油二合盛鼎

煮鷄肉待熟加清涩二合好酒一匙清和鹽

醬一合注于鼎煮至一餅細研生葱荊芥胡椒川椒

末和合之

香茄葅

擇茄末壯大者勻洗以中拭之暫曝截上下端以刀

三分直拆生羌蒜胡椒香蕷油一匙臨醬一匙甘意

納入茄拆變不津缸極扎無不空先盛又油乞

艮醬和合煮於注缸罯用之

過魚芥菜沉法

冬瓜蔓菁及萋剝皮如清菜切之盛布不津缸內將

撓在鼎之麪極用之右好粈善惡考之作膠之生態

厚薄也

毛鞋伊法
生苽子四析熹右生油將蒜及蒜汁沉開也過數年
呈味水和又生苽子水右四析熹右生油艮醬中合
右酷及蒜汁用之云云

著藥湯法
膏勾小栗大坨之溲鴻生油右坨鼎中將右肉热熹
次鴻黑鴻私熹熹又杨著藥削皮細切杨之热以中
熹之小項鷄卵擊杨之湯勾七八小公四五箇同
熹之

熱魚湯法
生油鴻右坨鼎中川魚勾論大小杨之热熹次水醬
私熹熹以熹項熹萆杨之又熹之右又川魚熹右

法審阿膠各三鉢大石一許的樹丁香一兩半㕮咀羙

五兩桂皮三兩依法和熱

生薑正棗

生薑去皮片割蜜和久煎去五更以全蜜和煎藏用

花肉法

烹牛肉纏熟蘸鹽和待冷盛甕沉甸以汢久不敗

濕麺法

擇菓末之白肥去熱和書鼎莽入中瓢湯沸之比起

瓢盛沸和之二升煮和之猶起加菓豆末二三合折木

二枝敨撓和之膠之厚苦添沸和蓮州菓末流

木枝不絕戶後加菓豆末五升又和之至厚簿若出

甕砼後一手和小撟穿三穴之瓢塞三橋盛和和

之末注沸和之鼎一手扣至瓢三高則麺細以木枝

五斗五升五合洗末蒸粥待吟和曲々麹若浩一水吉

法米五合曲浩水左一次白米一斗三升拌悤亦一斗七升曲末

末一升五合二水白米一斗七升曲末

末一升七合三水白米三斗拌悤亦三斗五升曲末

三升五合

百花酒法

正月內白米五斗百洗作末爛蒸泥亦七斗作粥冷

曲末七升和合亦意亦熱霎待百花端剉粘米五

斗白米十斗百洗爛蒸泥亦十三斗好曲三升和亦

五合釀端午日開用不用器皿亦洗忌出亦

香醪方

白米五斗百洗沉亦三々細末恋蒸沸亦七斗和待

冷曲末七升先末三刀和釀堅喜待窑白米十斗百

洗浸亦三々全蒸釜亦八斗曲末五刀用亦語和釀

米三斗百洗熟蒸飯三斗和之待冷又納末麹上待
然掩用水欲久用必元壞法以君良不勞
色清味猛必一過揍精闊上粘末言酒作
環漿匝于揍匝匝上清汲用酒作粥待飯按冷和
匝元蒸匝四匝冷法和

白米一斗百洗熟蒸粘米一斗百洗細末作粥待冷
曲一斗和入瓮備三斗白米二斗洗净密蒸粘米匝洗
末作粥曲二升相和待冷納瓮七匝匝飯味
之色不可具言此西之酒歡勤志市之匝匝
七斗子升匝匝或名陶隋白米七斗子升元九斗曲九升
白米一斗子升作末元蒸飯二斗匝溝熹熟和
合作粥待冷而曲二升和入瓮四匝匝匝
匝洗作末匝二斗子升作粥待冷曲二升和
合和入瓮之匝経四子匝白米四斗百洗全蒸飯匝
斗子升匝和待冷曲四升子合和匝匝待瓮上糟之

朮𪄿奇法 入瓮蒸用之

鸞黃法

白米粘米各一斗各升百洗細末沟水四斗作粥待

冷曲一斗和入瓮隔七々白米四斗百洗細末沟水

各斗作粥待冷曲各升和各斗末々白米

各斗百洗細末沟和各斗作粥待冷曲和

入瓮清用之

桃花酒法

正月晦々粘米三升百洗細末并為為粥

極冷和入六月淥郎々造末麴二升生末二升加一升

和合納瓮求向桃枝攪之二月野棠榮初開眼時向白

米五斗百洗沉々一宿全蒸以各五斗和漬極冷細

于方各各上旬擾下同納瓮無時向米四斗百洗一

宿沉密蒸以々四斗和之々々納于各上又無時向白

梅花时米十石斗百洗浸水一两ㄟ全蒸ㄟ润二度
待冷和入瓮端午用之又正月上旬粘米石斗
百洗细末作糁以蜜水十二斗待糁冷至净盏阳三
ㄟ好曲一斗二升合造坚封盏冷至净盏待梅花
时又以粘米二斗白米八斗如洗净全蒸和入瓮
入瓮端午时用之重蒸时洒水不过一两匀味展

贵金酒
白米二升百洗浸一宿细末作一斗作糁或云待冷
曲一升合造各七ㄟ友三ㄟ者粘ㄟ友粘米一斗
百洗全蒸待冷和入瓮二七后用之
细辛酒

白米石斗百洗细末冷为十斗作粥待冷曲一斗和
入瓮者秋ㄟ友四冬七后白米十斗百洗预浸三
ㄟ别ㄟ又ㄟ全蒸和石斗酒饭重蒸甚蜜待冷曲子

糯米五斗炊好麴七斤半附子五合生烏頭五合生

乾漆桂心蜀椒各五兩　右件擣合爲末水醸依法書

頭七～依威壓取精蜜溲爲丸如鷄子大投於中立

成美酒依者依时造耍方

肥地黃汁一大斗變白速效方

肥地黃汁一大斗擣碎糯米五升爛炊麴一大斗　右

件三味於釜中熬攪扨刀納於津器中書泥春友三

七～秋冬五七～端開有一盞液是至精華宜

先飲之餘用生布絞野之水稀飯極甘美不過三高

熬黑水添若以牛膝汁拌炊餉炙炒切忌功白

醴泉

正月上旬粘米五斗百洗浸水一兩～又法細末湯

水每末一斗二站或十站和作粥待冷曲二斗和入

蒗堅書盏去於意於起變悁莟涑二宮　善味五三月

待冷麯末石合和入瓮待清用之可傳缘好刺史

艾醋

四月晦時白米一斗百洗細末作粥待冷曲一升和

入瓮堅封至隂處四五採生艾葉與米一斗

長準布於净席終承露端午早取和於醋作餅

水掌作木蓋安於瓮腰至餅於篾上密封慎勿令

至水意地八月望時開去取清汁之三醆之百

疾皆愈米與艾為少任之此之大緊如

黄菊花酒法

楝賣菊嗅之香骨之甘去樝下晒乾每清區一斗用

花菊頭三兩生绢袋盛之垂於酒面上約離一指許

密封甕口經宿去之至味易香向甘一劝有香之花

依此法也

菊花酒治百病方

五精伍 主善瘠補腎延年白髮變黑齒落更生

黃精四斤天門冬三斤去皮松葉六斤白朮四斤枸

杞五斤右末剉之水三石煮之一石米五斗百洗細

末作粥待冷曲七升五合共末一升五合合造如盖

湯变冬盏□□变三○後白米十斗百洗沉宿金萎和

右酒入瓮封窖用之

松葉酒

松葉六斗水六斗煮至二斗去滓及脂白米一斗百

洗細末加水作粥待冷和曲一升和入瓮三七○後

用之诸疾已色

蒲萄酒

白米三斗百洗細末作粥待冷麴末七升和入瓮待

熟百米五斗百洗金萎待冷麴三升蒲末一斗和之

沉入瓮沽窖用之又法**蒲**萄破碎用糯米五升作粥

三午酒

正月初午日米一斗百洗沉宿翌日再更洗細末油

一三大笪和作粥待冷蒹曲三升并末三升和入甕

二午白末一斗百洗沉宿翌日再更洗細

末鋪净席乃盖盖为二午早乃熱蒸小榛子大作

餅布出席上結冷和水入甕三午白米一斗百洗沉宿翌

二午百洗沉宿翌日为子洗細末鋪净席为三午

开用之

早蒸此小榛子大作餅分布結冷和水入甕端午

一法

白米一斗米三斗洗净出末竹筛盖筛正月初午

曉額井華水三笪曲末三升并盛瓷桃枝搅之米末

熟乃待冷入缸搅二午如前法三午如前法

速用不宜不坥温房瓷之不速合除要酿之

溪巖先祖遺墨

味熟蒸鹽清醬香油交合盛甕器中山葓浸一宿陽

乳再浸下胡椒末小許又乳用時炙兩進之夏節尤

好

肉糆

膏肉半熟如糆細切輪塗真末納湯致更數沸進之

水醬法

二十中容入荒末醬一中許先入甕底笕半入許作

橋鋪簁又末醬七斤細橋上水八盂沸湯水一盂鹽

八升式和合涅下待熟捲出上醬水醬務入不津缸

用之泡炙汁多好常用醬甕多汲艮醬乳燥別水醬

添涅汲用尤好

出乍曝出氣作架之上鋪蓬又鋪空石草席之上鋪
豆之上盖蓬甚厚經二七日生黄毛為上曝乾簸揚
正豆一斗監一外麴三合水一鉢和納甕盖甕罯以
泥塗之埋馬糞經二七日出曝藏之

奉利君念豉方

七月晦時黄豆十斗淨洗浸一宿熟蒸待入時出蒸
作架生艾厚鋪次鋪空臼千金木葉楮葉熟豆列鋪
又以前件木葉生艾厚盖宿二七日後出曝露去風
每一夕簸限十日待九月初生擇熟甕太二斗監一
外麴四合水一盆和納甕油紙封口摘薪菜厚置甕
盖泥塗其上置甕馬糞中生草厚圍而埋之過二七
日出曝陽納淨甕入置温房風入則味辛

山蔘佐飯

山蔘去鹿皮搗之流水浸之無水流數改水令無苦

味淡多加烁一日且潤過將良醬濁此法研愛月易

生虫蛆須堅裹用之上法亦同

菁根醬

菁根去皮淨洗一盆爛烹末醬一斗細末盐一斗
和合熟搗納瓮以如指柳末寧至瓮底十數穴盐一
外水一닭和煎待冷注水待熟用之其甘如飴爛烹菁根須於月初八日二十三

別無虫蛆　全体末醬交雜沉造如常法待熟磨作鼓用滿平宅成好此法收利開日

其火醬

七月晦時太一斗淨洗熟蒸其火二斗合搗如彈丸
大二七日经扵十日曝陽玄風待九月水一盆盐七
外和納瓮埋馬糞如汁醬法

金鼓

黄黑豆勻論卯時況水辰時捺出熟蒸黑豆別色紅

甘醬一斗末醬一斗其火八外塩一升一合交合缸
底先舗汁次舗茄又舗汁蔵茄身勿限埋馬糞
五日出見不熟勿更埋二日待熟用之

造醬法

黃豆三斗淨洗水三盆同煮至一盆太量盡除出好
艮醬三沙鐥注釜更煮至三四沸味淡勿塩一升以
適爲度和水注釉不津缸用之大勿和油塩水煮之
飯時喫之

又

黃豆五外淨洗水三盆同煎至一盆添艮醬一沙鐥
如上法其味甚甘

又

末醬二斗水一盆半塩二外和納甕三日以均潤爲
限堅封笈口又以泥塗之厚圍稻皮煮熳三日善色

雌牛乳好者令犢飲之乳汁開出洗乳取之多則一
沙鍪少則半鍪除涎篩三度和作粥若熟駞駱名淋
湯盥沙缸納本駞駱一小盞和之置溫處厚裹重復
半以木挿之黄水湧出安置氈罷於涼處若無本駞
駱別好濁酒一中鍾亦可　本駞駱入時以醋少許入甚良

飴餳用令飴家所

中米一斗淨洗爛作飯乘熱盛缸即於炊飯抖淨水
十酘沸湯注其飯秋草細末一升冷水和之鴻毛
缸以木均攪之置溫墺以襦衣厚裹待二炊飯頃嘗
其味則甘為上稍酸則為下久暴置故也須酌宜以
布絞取汁寫鼎以微火煎之數攪之不攪則煎汁鼎
底色黄紅若用眞末布蓝上寫汁上待澄引之色白

蕎限

汁醬又法

正二月真菁根淨洗削皮大則剖作片納瓮淨水盬
小許沸湯待冷菁一盆剉水三盆注之待熟用之

東瓜正果
東苽任意作片和菉粉一匂淨洗盡去灰氣和淸蜜
沸煎別其蜜無味去之更和全蜜沸煎下好椒末納
缸經久如新

取泡
太一斗磨破去皮又綠豆一升別磨去皮沈水待潤
後、細磨細布帒漉之須精去滓更漉之入釜沸之
若溢別以冷淨水從釜邊軟下凡三溢三點水別熟
美以厚石皮濾之覆火上終火氣盬水和冷水至淡
後、入之若有怔心剝泡堅石好條、入之待瀓裹
袱勾鎮其上
馳駱

藏梨

擇不損大梨耿不空心大蘿蔔插梨枝紙裹置暖處
候至春深不朽柑橘亦可依此法藏之

沉蘿蔔

唐蘿蔔經霜後去莖葉或存軟莖葉洗去土以石磨
玄根鬚更凈洗蘿蔔一盌着鹽二升經宿洗去鹽氣
浸一夜捵出舖簞玄水納甕蘿蔔一盌鹽一升五
合式和水滿注置不凍處用之 若小鹽氣和水注下二升式和水注

蔥沉菜

蔥凈洗玄鹿皮不去鬚約瓷勿推壓滿注水二日一
改水夏待三日秋待四回五無剌氣爲限還出更洗
着鹽如灑雪蔥一件鹽一件納瓷作鹽水蘸鹹滿注
於朴草擁閉甕口以石鎮之待熟用之 其用時玄皮鬚

出邑沉菜 好鬚

立秋後酉日不犯銅鉄踈種爲佳

種真瓜

二月晦三月初梨花與葉綻廣冢和灰向沙土交雜

田深耕除塊二三足逐落種别端午見熟

種蓮

採蓮根與土交雜盛名踈置池中然芽若種實明年

開花

魚食醢法

川魚剔腹淨洗每一斗著塩五合沉宿經三時更洗

沉塩如茶盛布帒俠之板以石壓之玄水氣白米四

升濃作飯塩二合真末二合和納熊末盈以檬實葉

多布之小石圧鎮之滿難水生檬實葉别醢味酸須

用乳葉出用時注水出之如荼還布鎮淮荼水冬

瓜切如荷紐沉塩去水并沉之妙

許茄子種法六同種於三月一日十日四月一日十
一日五月一日十一日六月一日此後勿種

種薑

二月耕田布薑經雨三月又耕縱橫七遍尋畦下薑
一尺一科覆土厚又布馬糞極厚值六月作葦蓆覆
之性不耐寒熱故也鋤不厭煩五六月莖葉方盛冒
雨布糞山沉香菜及柳柔枝展劉心布田畦上七月茂
盛露根簸細土蓋之蠶沙亦可薑九月霜前採之先
於近墻窪作窖泥塗四方待孔熾火復孔石使生濕
取乾沙赤土曝乳鋪窖列薑不觸四旁亦不觸友鋪
出薑訖上覆土厚三四寸蓋以板泥塗四隅穿穴板
中令通氣烟氣不欝正午陽燄時出用至仲春日暄
時出揀善惡復埋為良

種白菜

小許三物及川椒去核小許并入甕妙用之且用以

安酒尤好

醃糟殖

醃日酒淳交盐納瓮泥塗瓮口待夏月茄瓜摘取拭

巾令無水氣深挿糟缸待熟用之有水氣則生虫雜

非醃日不出是月可也茄瓜須用童子曝陽尤妙

蔵生茄子

八月晦九月初生茄子不犯手令不傷茄子身具蔕

摘取真菁根擇大穴其頭三四箇挿茄蔕陽地選土

室土室內其菁根種之不觸寒氣以雜過冬运如新

摘

邵平種瓜法

當三月杏花開時掘土深半尺人屎半升交尿灰納

掘穴盖土厚一寸瓜種十條粒列置盖土点厚一寸

不爛而味甘

水茄菹

八月摘南嬾茄淨洗晒乾令無水氣白頭篇於朴草
山椒與茄交納篇茄一盞沸湯水一盞盬三枼和匀
熟時浸上篇面井花水日ヒ澆下以無泡為度如此
則味極好菹水到底清如水晶

老茄菹

老茄摘取分剖以匙刮去內細切下盬水許曝日還
出去篇內水匀下盬山椒交納篇不注客水勿出自
然水如此則雖周一朞六不改味以分頭篇防口
以石重鎮之大氷抵菹編於朴草防口勿以石壓之

雜菹

生雜众菹如新众造菹㨾切之生薑細切众菹沉水
玄醎氣煎件三物交合艮醬和水鉄器煮之下真油

造汁

太四斗真麥呂火八斗太先況水四五日捿出二物
交合爛擣如末醬捏造熟蒸歇氣于金木葉楮葉中
掌裏置溫處經六七日擘碎陽乳作末一斗盐二升苽
以藏苽子爲限納甕密如荷埋之攤握麥造太䓁形全蒸合

● 況東苽久藏法

東苽大切著盐藏之用時退盐蒸炙藏炮任意用之
苽道

七八月苽茄不洗以行子拭之盐三升水三盞煎至
一盞待冷水納瓮內頭鋪蓬葉相間納之渹前水苽
沉水爲限以石鎭之

又

七八月不老茄摘取净洗拭巾令無水氣納瓮盐水
鹹淡適中湯一沸注下瓮頭鋪山椒與苽交納則難

青鄭院菜法

蔓菁菘洗蘸上鋪置下藍如微雪復更洗如前下

藍勻令殘菜香草蓋之徑三日均三四寸許納甕大

甕則藍二米小甕則藍一米半熟冷水和碹待熟用

若木嫩撑末及結實者軟蓋抹取

勻勻菜淨洗一盆藍三合去下之徑一宿更洗下藍如

名木嫩嫩法

前納甕注水勻令殘菜與他菜同

土卯莖沉造

荸苨細剉一斗藍小一握或和合納甕每日以手壓

之則漸小入他甕者稿納以熟為限

計遀

茄子摘取洗之甘將醬只火藍小許荠交合缸內先鋪

醬次鋪茄子以滿為限堅封蓋以沙鉢泥塗埋馬糞

待五日熟則用之末熟則還埋待熟用之

四節醋
丙日曉頭井花水二斗好麴三升微炒和納缸至丁
日未明粘米一斗百洗熟蒸不歇氣納甕桃枝攪之
堅封置陽地三七日後開用
又丙丁醋
麥三斗淨洗如常釀造酒待熟丙日汁瀝納缸丁日
粘米二斗百洗熟蒸不歇氣納缸堅封厚圍
菖蒲醋
菖蒲白莖或根細切三升米三升作末作花餅好麴
三升和合付缸底待生毛清潤中酒一盆鴻入缸二
七日後用之
木通醋
木通三十斤水三盆鹽四升搗和納甕盆盆麦弓
三日用之

作高里法　烏川家法

七八月真麥任意多少淨洗熟蒸少則盞筥多則作
架架上鋪千金木葉楮葉麻葉次鋪草席、上鋪蒸
麥厚覆前件木葉過十日後出曝乾簸揚藏置趂時
多作藏之

造高里醋法　烏川家法

向陽泉處平正石枚中先安擇不津缸坐置水鉢盆
陶盆各一注入好麴五升高里五升納甕以罌蓋之
第三日中米一斗一升淨洗浸潤初度乾熟蒸持飯
甑不歇氣納甕青布及紙堅封又以罌蓋之徑三七
日用之泚一朔方熟尤好甕面作食厚覆待消盡用
之若欲造三盆則水陶盆一鈴盆二注入好麴七升
五合高里七升五合納甕第三日中米一斗七升如
前法熟蒸納之

宿全蒸待稍冷無麴和前酒納甕二七日後上槽

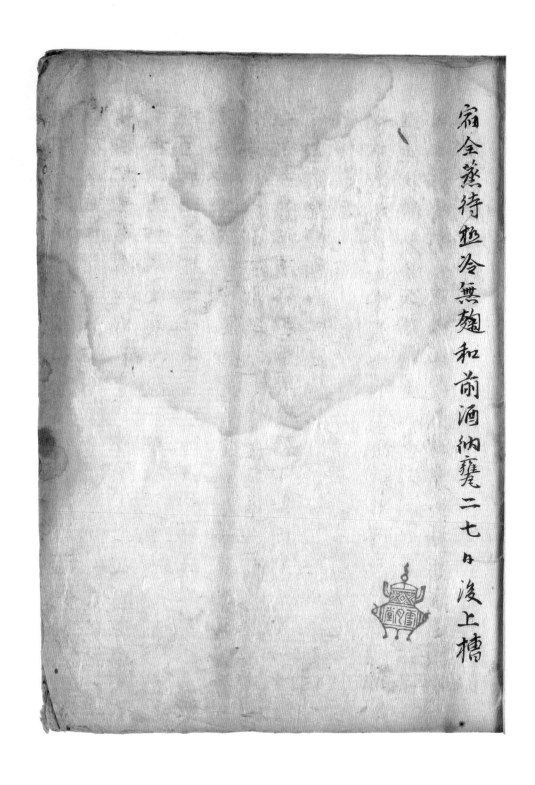

待熟上槽其味甘香冽

梨花酒

白米一斗百洗細末重篩作孔餅熟真裂而待冷麴

削去外皮細末重篩一升三合和合拯力均調入缸

以厚紙封口作小孔出氣十五日當用味極甘香且

冽冷水和飲

又

白米一斗百洗作末重篩用細絹作粥待冷麴細々

重篩一升五合和納缸小出氣五六日當用味好

、又碧香酒烏川釀法

白米三斗百洗浸一宿拯出作末水一盞半沸湯作

粥待拯冷翌日麴末三升真末回外和合納甕第七

日白米八斗百洗浸宿作末水四盞沸湯作粥待冷

翌日麴五升和前酒納瓮第七日

白米四斗百洗浸

南京酒

白米二斗五升百洗浸宿細末湯水二斗五升作粥
待冷好麴二升五合真米一升和納瓮瀋七日白米
五斗百洗浸宿全蒸湯水五斗和飯待冷前酒和釀
經二七日上槽 川水用

、進上酒

白米二升百洗浸宿細末作粥待冷麴末二升和納
缸冬七日春秋五日夏三日粘米一斗百洗熟蒸待
冷和前酒納缸七日後用之

、别酒

白米三斗百洗浸宿作末湯水三斗作粥待冷好麴
末六升和令納瓮堅封六日後白米三斗百洗浸一
宿作末如前法和納瓮又六日後白米二斗粘米一
斗百洗浸一宿全蒸無麴水不歇氣納瓮和均堅封

愛陽酒
白米一斗百洗細末作孔餅好麴二升和釀陳四日
粘米一斗百洗全蒸湯水一斗和釀待冷前件合釀
其味如蜜

寶卿家酒 此名夏月酒
粘米二斗百洗熟蒸撍熱一盆入瓮置溫埃三日後
熟鷲煎水四瓶和之如粥攪之待冷麴二升和釀待
七日先挹浮米以篩去滓還注瓮浮米六還注又待
七日用之其味愈好切忌生水

又夏酒
白米五斗百洗浸宿作末湯水五斗和合半生半熟
待冷麴末五升合釀第六日白米五斗百洗浸宿全蒸和
湯水十斗待冷前酒和釀經七日上槽須再倒清若
味太苦則添水用之

朮麴五朮和納甕待熟上糟和水飲之白朮濃煎水

和飯造釀六妙艾煎水和飯造酒六通

丁香酒

白米一朮百度洗净俓宿作末作孔餅爛熟待冷麴

一朮曝露和納小瓷第三日白米一斗百洗俓宿以

水一鉢爛熟為限俟蒸待冷和本酒納缸置温處三

七日後用之愈久則味愈甘　下置處不犯日進所在

十日酒

白米一斗百洗作末熟蒸以甑下水過中和待冷

好麴二朮和合納甕封置凉處待五日井花水二盞

煎至一盞出前酒以此水添漉為瓶向米粘米中二

朮百洗作爛飯待冷麴一朮和納甕次洷漉酒封口

又置温處待冷用之若榨熟時刈酒甕沉水數

沒水惕勻令合醹魥

末重篩以水洒少許令和極力堅作塊如鴨卵大篘

䔄蒿草裹如雞卵裹空石入置七日後甕置三七日

後出見其色黃白相雜則出鑿玄風藏置用之

五升酒

白米五升百洗細末熟蒸解塊待冷水十斗沸湯待

冷注作粥好麴末一斗和納甕同日粘米五升沈水

第三日極出洒沉水蒸飯待冷納甕待清上槽

甘香酒

白米五㪷百洗細末作孔餅熟烹待冷真末五升細

㪉布重下和釀楮葉均包第三日粘米五升百洗熟

水一盆沉宿又三日挼出以沉水洒蒸待冷出莉酒

和納甕盆五六日方熟用之

白术酒

白米三㪷百洗浸水一宿翌日更洗作饙白术末五

楂仁五百箇去皮尖雙仁清酒三瓶為水碾磨細絹
濾下納不津缸封口浮於釜中煮之用時酒色酒黃
則為好每朝溫服一鍾去尖溪水為暑

白花酒

白花三斗百洗細末水四斗沸煮至三斗作粥待冷
麴三斗真末二斗和納甕第五日白米三斗百洗全
蒸湯水三斗均拌待冷無麴和萡酒納甕待熟用之

流霞酒

白米二斗五斗百洗浸一宿細末湯水二斗五斗作
粥令半生半熟待冷好麴末三斗真末一斗和
納甕七日後白米五斗百洗浸一宿全蒸湯水五斗
和飯待冷出前酒和納甕二七日後待熟用之

梨花酒造麴法

當梨花開時白米勿多少任意百洗浸水經宿細末作

籬開時澄清上槽用之孟浮和水於之如桑毛汰去
洌過之

蕎麥燒酒

蕎麥一斗淨洗爛蒸和麴五升合搗納瓮注水丁盞
注下攪之崇吾燒取泫細錯挺疤

緑波酒

白米一斗百洗作末三斗作粥待冷麴一升真末五
合和納瓮三石後粘米二斗百洗炊飯待冷和勻泫
納瓮十三日開封用之

一日泫
水三斗西泫麴二升西泫一鉢和納于瓮白米一斗
淨洗熟蒸多影氣無水聲納瓮仁勿攪之置温處每
釀夕熟夕釀朝熟

桃仁酒

次日粘泥

粘米二斗百洗納瓮熟水一盆并注待三日右水更

酒蒸飯待冷翠麹曲升和釀七日方熟

又

粘米一斗百洗納瓮熟水并納瓮遏三日　右米水瓶蒸

水和麹一升合釀七日攤清浮泛

又　　　　　　　　　　　　　　　湯水

白米二斗更舂百洗浸一宿作末重歸作醞待冷再

麹三升和釀第三百粘米二斗百洗浸一炊再蒸待

冷安凡和釀置涂待清用之

小麹凡又法　　　洗

正二月内白米五斗百作末馮水二盆半作粥待冷

麹五升真末五升和釀待冷即米五斗熟蒸而冷

和釀又待七日如前法和釀置以暖水七三盆放丹蓋

又

白米一斗百洗細末熟蒸湯水作醪待冷麴五升
真末五升合和釀待熟粘米二斗百洗如前法和釀
用之

三日酒

白米一斗百洗浸一宿細末熟蒸放冷前 水升
沸湯待冷麴三升和納甕次日以放冷蒸餅和前納
甕翌日開用後則五六日後白米二斗百洗浸一宿
如飯熟蒸前酒和釀二七日後有香 節皆可然矣
節尤佳釀時麴水下篩去滓色好

夏日清酒

粘米三斗百洗湯水二盆浸三日瀘出熟蒸前水更
湯和飯待冷麴七升和釀犧浮用之暑月陳麴沈之弓
雖久不變味多少任意釀之

胡桃五合和研麴五升調和納瓮待熟白米三斗百
洗蒸飯水三斗和均待冷麴三升實胡桃一升五合
細研和前泛納瓮待熟用之

　橙實酒

橙實米一合沉流水久潤簁末渴和糯米六斗
百洗細末和合煠蒸待冷二斗好麴三升計
和納瓮待熟粘米糯末作粥一盆納瓮澄清到底汲
用以清泥出所粘粥准納卷上槽後其滓渴糯藏之
急行服之為兩三四日放鷹時午淩下入虛渴冷水
和酌之輕身健脚力

交日呂法
白米三斗百洗和朱渴水七鉢作粥待冷麴五升和
釀隔三日白米中粘米一斗百洗全蒸渴水五斗
和待冷前泛和釀経七日用之

白米三斗百洗細末湯水三斗注粥待冷麴五升眞
末五升和納甕待熟白米六斗百洗細末湯水
六斗作粥待冷和前酒納甕待熟白米六斗百洗全
蒸湯水六斗和飯待冷和前酒納甕待熟用之

、甘香酒
白米二斗百洗細末湯水一斗作粥待冷麴一升和
納甕冬七日交三日春秋五日粘米二斗百洗全蒸
待冷和前酒納甕經七日用之

栢子酒 治腎中冷膀胱 去頭風 百邪鬼魅
栢子一斗挼洗和擣水中斗篩濾之去皮滓滿湯白
米一斗五升粘末百洗細末熟蒸和右湯
水中斗作醪待冷麴末三升和納甕待清上槽
坩桃酒 治五勞七傷補氣不足
白米一斗百洗細末水一斗挼湯和均作餠待冷實

、杜康酒

白米五斗百洗浸宿細末湯水十曲銠作粥待冷再
麴一斗和納甕隔五日白米五斗如前法和納又隔
五日白米五斗百洗一宿全蒸不歇氣納甕待熟上
糟

、碧香酒 百洗

白米四斗。細末湯水平斗作粥待冷 麴一斗和納甕隔
五日白米四斗如前法隔五日白米八斗 百洗細末
氣蒸湯水九斗作粥如前法納甕鍾云 日上糟

、七斗酒

白米二斗平升百洗浸一宿細末湯水三斗作粥待
冷麴五升真末二升和納甕隔三日白米四斗五升
百洗全蒸湯水平斗均挫和前酒納甕待熟上糟

、小麴酒

洗細末解熱蒸解塊待冷入瓮和攪置不寒亦不熱處

次午日白米五斗百洗如右法堅封中月二十日開

見則澄清到底色如秋露挹而用之其渾正如黎色

花酒和水飲之甚多云小麯酒一升真末五升 水七五升 麯三

、碧香酒

白米一斗五升糯米壹斗五升百洗浸一宿作末湯

水四斗作粥待冷好麯五升真末五升和納瓮隔七

日白米八斗如前佐湯水九斗作粥待冷好麯一斗

殿出前酒和納瓮又七日白米四斗百洗全蒸湯水

五斗和飯 待冷納瓮 二七日上槽

、防殿香酒

白米一斗百洗浸宿細末馮水三鈍作待冷 粥 麯二外

和納瓮隔七日米二斗百洗浸宿全蒸馮水六鈍和

交待冷麯二升和納瓮待七日甕頭清上槽

三亥酒

正月初亥日白米一斗百洗作末湯水一斗作粥待

冷麯五升真末五升和納瓮次亥日白米九斗百洗

作末熟蒸湯水十斗作粥待冷麯一斗和前酒納三

亥日白米十斗百洗作末熟蒸湯水十斗作粥待冷

和前酒納瓮待熟上槽

三午酒

正月初午日真末七升好麯七升冷曲盆和納瓮置　水

不寒不熟處二午日白米五斗百洗沉一宿熟蒸不

歇氣納前瓮三午日白米五斗百洗全蒸不歇氣納

前瓮四午日白米五斗如前法待熟午日用之

世午酒

正月初午日水八盆沸湯待冷先注瓮中好麯一抖

細末重篩入瓮真末七升再篩又入瓮白米一斗百

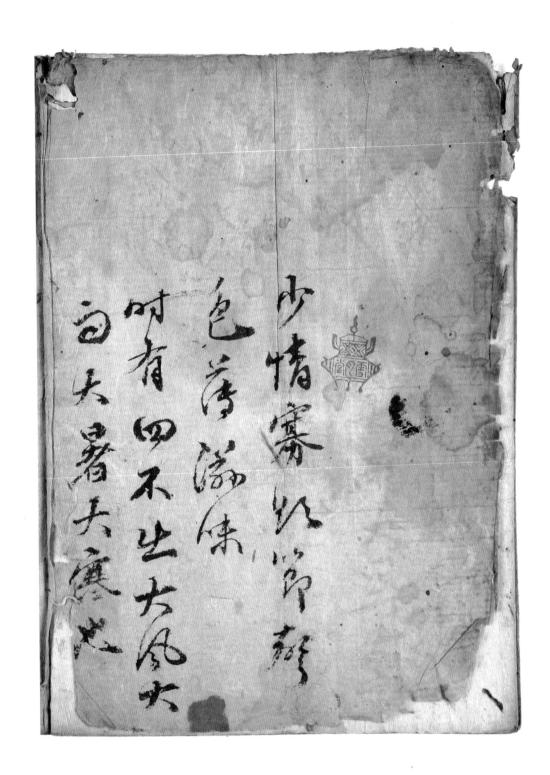

斗
百

濯淸公遺墨

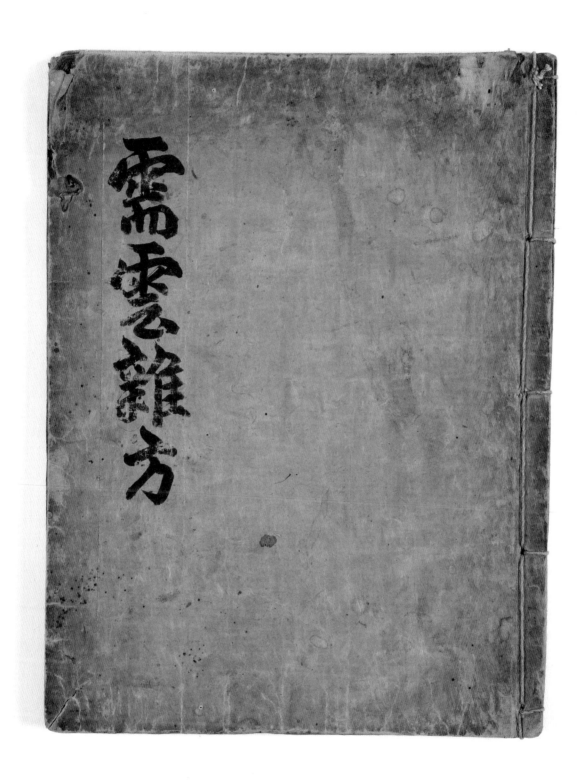

수운잡방

1판 1쇄   2015년 12월 28일
1판 2쇄   2022년 1월 24일

지은이   김유
옮긴이   김채식
펴낸이   강성민
기획   한국국학진흥원
편집장   이은혜
편집   곽우정
마케팅   정민호 이숙재 김도윤 한민아 정진아 이가을 우상욱 박지영 정유선
브랜딩   함유지 김희숙 정승민
제작   강신은 김동욱 임현식
독자 모니터링 황치영

펴낸곳 (주)글항아리 | 출판등록 2009년 1월 19일 제406-2009-000002호

주소 10881 경기도 파주시 회동길 210
전자우편 bookpot@hanmail.net
전화번호 031-955-2696(마케팅) 031-955-1936(편집부)
팩스 031-955-2557

ISBN 978-89-6735-286-8 93590

* 이 책은 경상북도의 보조금으로 제작되었습니다.

www.geulhangari.com